电力科学与技术发展
—— 年度报告 ——
2023

U0504652

电力量子信息
发展报告

中国电力科学研究院　组编

中国电力出版社
CHINA ELECTRIC POWER PRESS

图书在版编目（CIP）数据

电力科学与技术发展年度报告 . 电力量子信息发展报告：2023 年 / 中国电力科学研究院组编 . -- 北京：中国电力出版社，2024. 10. -- ISBN 978-7-5198-8795-7

Ⅰ. TM

中国国家版本馆 CIP 数据核字第 2024K74S97 号

出版发行：中国电力出版社

地　　址：北京市东城区北京站西街 19 号（邮政编码 100005）

网　　址：http://www.cepp.sgcc.com.cn

责任编辑：周秋慧（010-63412627）　刘子婷

责任校对：黄　蓓　朱丽芳

装帧设计：郝晓燕　永诚天地

责任印制：石　雷

印　　刷：北京九天鸿程印刷有限责任公司

版　　次：2024 年 10 月第一版

印　　次：2024 年 10 月北京第一次印刷

开　　本：889 毫米 ×1194 毫米　16 开本

印　　张：6.5

字　　数：127 千字

定　　价：98.00 元

电力科学与技术发展年度报告

电力量子信息发展报告（2023 年）

编写组

组　　长　　周　峰

副组长　　李震宇　彭楚宁

成　　员　　殷小东　胡浩亮　孟　静　李小飞　段晓萌　聂　琪

　　　　　　刘　京　王　翰　杨晓楠　顾成建　王素妍　彭思凡

　　　　　　亢　康　徐熙彤　蒋依芹　刁赢龙　李登云　白静芬

　　　　　　李智虎　韩　玄　游书航　易姝慧　杨仁福　吕奇瑞

参编单位

中国电力科学研究院有限公司

光子盒研究院

武汉量子技术研究院

北京量子信息科学研究院

中国科学院精密测量科学与技术创新研究院

　　当前，世界百年未有之大变局加速演进，科技革命和产业变革日新月异，国际能源战略博弈日趋激烈。为发展新质生产力和构建绿色低碳的能源体系，中国电力科学研究院立足于电力科技领域的深厚积累，围绕超导、量子、氢能等多学科领域，力求在前沿科技的应用与实践上、在技术的深度和广度上都有所拓展。为此，我们特推出电力科学与技术发展年度报告，以期为我国能源电力事业的发展贡献一份绵薄之力。

　　"路漫漫其修远兮，吾将上下而求索。"自古以来，探索与创新便是中华民族不断前行的动力源泉。中国电力科学研究院始终坚守这份精神，致力于锚定世界前沿科技，服务国家战略部署。经过一年来的努力探索，编纂成电力科学与技术发展年度报告，共计 6 本，分别是《超导电力技术发展报告（2023 年）》《新型储能技术与应用研究报告（2023 年）》《面向新型电力系统的数字化前沿分析报告（2023 年）》《电力量子信息发展报告（2023 年）》《虚拟电厂发展模式与市场机制研究报告（2023 年）》《电氢耦合发展报告（2023 年）》。这些报告既是我们阶段性的智库研究成果，也是我们对能源电力领域交叉学科的初步探索与尝试。

　　"学然后知不足，教然后知困。"我们深知科研探索永无止境，每一次的突破都源自无数次的尝试与修正。这套报告虽是我们的一家之言，但初衷是为了激发业界的共同思考。受编者水平所限，书中难免存在不成熟和疏漏之处。我们始终铭记"三人行，必有我师"的古训，保持谦虚和开放的态度，真诚地邀请大家对报告中的不足之处提出宝贵的批评和建议。我们期待与业界同仁携手合作，不断深化科研探索，继续努力为我国能源电力事业的发展贡献更多的智慧和力量。

中国电力科学研究院有限公司

2024 年 4 月

进入 21 世纪，量子科技革命第二次浪潮来临。以量子测量、量子通信、量子计算为主体的量子信息技术正在成为新科技的引领方向与技术竞争的制高点，对国家安全和社会经济高质量发展具有深刻影响。能源电力作为"国之大者"，需把握新科技革命机遇，抢占产业变革先机，利用量子科技赋能"双碳"目标实现与能源转型。

近年来，我国持续加大量子信息技术研发投入，截至 2023 年投资总额达 150 亿美元，位居世界第一。量子信息技术从"跟跑"阶段步入发展"快车道"，133 千米量子时间传递稳定度达飞秒量级，615 千米光纤量子通信成功实现，"九章三号"光量子计算原型机研制成功……量子信息技术在能源电力领域探出绿芽，量子电流互感器、配网量子加密通信等"量子＋电力"工程初步验证了电力量子技术的可行性。

作为中国电力行业多学科、综合性科研机构，中国电力科学研究院积极践行创新驱动发展战略，秉持首创精神，敢闯"科研无人区"，早在 2019 年就开展电力量子相关技术研究，建立了首个高电压大电流电力量子量测实验室，承担了一大批国家级科研项目及国家电网有限公司科技项目，积累了阶段性科技成果与实践经验。为了更好地理解量子信息技术，引领电力能源行业的新技术变革，中国电力科学研究院组织团队撰写《电力量子信息发展报告（2023 年）》。本报告的编制旨在向业界展示电力量子信息技术的潜在应用和价值，分析探讨电力量子信息技术应用推广发展现状和面临问题，为电力量子信息技术成果应用转化和产业培育提供参考。

本报告梳理了量子信息技术国内外研究情况与成果，研判了电力量子信息技术发展趋势，提出了电力量子体系架构工作建议，并结合具体典型应用案例展现了量子信息技术在电力行业的应用情况，分析了电力量子行业发展面临的挑战并提出了发展建议与展望。

我相信本报告将为量子信息技术电力应用顶层设计，以及电力量子信息产业链上的技术研究、设备研发与规模化应用提供有价值的参考。

2024 年 4 月

在人类文明的长河中，每一次科技革命都深刻地改变了社会的面貌和人们的生活。今天，我们站在了一个新的历史节点上，量子信息技术的发展，预示着一个全新的时代即将到来。这是一个充满挑战与机遇的时代，量子信息技术的突破将不仅仅是科技领域的一次飞跃，更是整个社会进步的强大推动力。科技创新引领经济社会发展的新常态，量子信息技术，作为新质生产力的重要代表，其在电力行业的应用将是推动我国能源结构转型和实现"双碳"目标的关键力量。

《电力量子信息发展报告（2023 年）》系统地梳理了量子信息技术的理论原理、技术路径、发展现状及其在电力领域的应用场景，展现了量子信息技术在电力系统中的巨大潜力。从量子测量的精确度，到量子通信的安全性，再到量子计算的强大能力，每一项技术的进步都为电力系统的现代化、智能化和安全性提供了新的解决方案。报告中对电力量子信息技术标准的顶层设计进行了布局，包括导则和总体要求两部分标准，这为电力量子信息技术标准体系的建立提供了总体指导思路。在电力系统的"源、网、荷、储、市场"五个关键环节中，量子技术均发挥着重要作用。

诚然，技术的发展从来都不是一帆风顺的。报告中也指出了电力量子领域发展所面临的问题，如科研顶层设计的不足、应用场景的牵引不够、产业规划布局的缺乏以及复合科研人才的短缺等。这些问题需要我们共同思考、共同解决，以确保量子信息技术能够在电力领域得到健康、快速的发展。

展望未来，量子信息技术在电力领域的应用将更加广泛，它的发展将是一场深刻的产业革命。我们有理由相信，随着量子信息技术的不断成熟和应用，电力系统将变得更加高效、智能和安全，为实现可持续发展的能源体系贡献力量。

在此，我谨以最深的敬意，为这份报告作序。愿这份报告能够启迪思考，引领变革，为电力量子信息技术的发展贡献一份力量。

陆军

2024 年 4 月

习总书记在二十大报告中提出，要"实施创新驱动发展战略，实现高水平科技自立自强"。量子信息技术正在成为新科技的引领方向与技术竞争的制高点，对国家安全和社会经济高质量发展具有深刻影响。习总书记对量子技术也做出了重要指示，要"加强量子科技发展战略谋划和系统布局""找准我国量子科技发展的切入点和突破口"。

能源电力是"国之大者"，把握新一轮科技革命和产业变革机遇是抢占能源电力创新发展主动权的必由之路。在实现"双碳"目标和推动能源转型的必然要求下，新型电力系统面临的不确定性将大幅提升，运行机理也将更为复杂，需借助最新的信息技术，提升电力系统对信息的可靠获取、安全传输和高效处理能力，以支撑新型电力系统的安全、经济运行。量子信息技术基于量子力学原理，在高效计算、安全通信与精密测量方面的潜力令人瞩目，将有望在新型电力系统发展中发挥关键支撑作用。目前，全球范围内已经出现一些量子信息技术在电力行业应用的案例，有望为电力系统数智化转型提供有力支撑。

为了更好地理解量子信息技术，引领电力能源行业的新技术变革，中国电力科学研究院组织团队撰写《电力量子信息发展报告（2023 年）》。本报告围绕电力发展需求，全面梳理量子信息技术领域的国内外情况和成果，结合具体案例展现量子信息技术在电力行业的应用情况，研判电力量子信息技术的发展趋势，针对电力量子行业发展面临的挑战提出建议，并对未来电力量子体系架构进行展望。本报告内容共分为 5 章，相关章节内容安排如下：

第 1 章介绍量子信息技术国内外政策导向，从电力系统发展角度分析电力量子信息技术的必要性。第 2 章以量子测量、量子通信、量子计算三个类别介绍量子信息技术的基本原理及其在产业、应用与标准方面的现状。第 3 章介绍当前量子信息技术在电力行业已经开展的应用和可能存在的应用场景。第 4 章分析当前量子信息技术在电力行业应用和技术发展面临的问题并提出建议。第 5 章从总体目标到技术体系、产业布局、标准体系对未来电力量子体系架构进行展望。

　　本报告在成稿过程中，得到了中国科学技术发展战略研究院、湖北省市场监督管理局、武汉量子技术研究院、北京量子信息科学研究院、中国科学院精密测量科学与技术创新研究院、华中科技大学、中国科学技术大学、合肥工业大学、杭州电子科技大学、光子盒研究院、中科酷原科技（武汉）有限公司、安徽省国盛量子科技有限公司、成都中微达信科技有限公司、华翊博奥（北京）量子科技有限公司、清远市天之衡量子科技有限公司、北京玻色量子科技有限公司等单位与公司专家、学者、同仁的大力支出，他们提出了宝贵的意见和建议，在此一并深表谢意！

　　本报告的编制旨在向业界展示电力量子信息技术的潜在应用和价值，分析探讨电力量子信息技术应用推广发展现状和面临问题，为电力量子信息技术成果应用转化和产业培育提供参考。

　　由于编者水平有限，报告中难免存在不足和疏漏之处，恳请各位读者批评指正。

编者

2024 年 4 月

CONTENTS

目 录

1

电力量子信息技术
发展背景

1.1 促进新一代信息技术革命

随着科学技术的迅速发展，量子信息技术正成为引领下一代技术革命的前沿领域。量子信息技术基于量子力学原理，在提高测量精度及灵敏度、保障通信安全、提升信息处理速度等方面展现出了令人瞩目的潜力，已成为信息技术演进和产业升级的关注焦点之一。

量子信息技术包括量子测量、量子通信、量子计算等方向。利用微观粒子系统及其量子态的微观尺度测量，在测量精度、灵敏度、稳定性等方面比传统测量技术有优势；利用量子力学的原理，为处理和传输信息提供了全新的可能性，如量子纠缠和量子叠加等现象在理论上能够显著提高处理信息的速度和安全性；随着量子算法和量子错误纠正技术的发展，可实现具有经典计算技术无法比拟的巨大信息携带量和超强并行计算处理能力。

当前，量子信息技术正逐步从概念验证走向落地实践，作为一种基础性的"底座技术"，可广泛服务于国防军事、金融、生物医药、交通、电力能源等众多行业，比如"量子计算＋金融""量子保密通信＋政务专网""量子测量＋电力能源"等，为行业赋能以加快形成新质生产力。

1.2 有力推进未来产业发展

近年来，越来越多的国家或地区将量子信息技术纳入国家战略。截至2023 年 12 月，英国、美国、中国、法国、德国、俄罗斯等超过 30 个国家 / 地区和 2 个国际组织发布了统一的国家量子科技计划或法案以支持量子科技发展。英国是较早发布国家层面量子政策的国家之一，从 2013 年开始实施英国国家量子信息技术计划（NQTP）。美国国防部先进研究项目局（DARPA）在20 世纪 90 年代就已着手布局量子科技，且在 2002 年发布了《量子信息科学和技术发展规划》，并于 2018 年 12 月成立国家量子计划咨询委员会，负责对量子计划进行监督和评估。此外，美国高度重视量子与能源技术融合。2022年，美国签署了《芯片和科学法案》，对《国家量子倡议法案》进行了修订并建立能源部（DOE）计划，促进美国量子计算资源的竞争力。

我国将量子科技视为国家战略目标，党中央对此高度重视，并组织专项学习。在《"十四五"数字经济发展规划》《计量发展规划（2023~2035）》《关于推动未来产业创新发展的实施意见》等多个国家政策文件中，都明确量子信息技术的重要性，要求以科技创新引领量子科学的现代化产业体系建设。

1.3　为电力领域科技创新赋能

建设以新能源为主体的新型能源体系是电力领域实现"双碳"目标的根本途径。随着数量众多的新能源、分布式电源、新型储能、电动汽车等接入，电力系统信息感知能力不足，现有测量与调控技术手段无法做到全面可观、可测、可控，调控系统管理体系不足以适应新形势发展要求。电网控制功能由调控中心向配电、负荷控制及第三方平台前移，电网的攻击暴露面大幅增加，电力系统已成为网络攻击的重要目标，网络安全防护形势更加复杂严峻，电力系统重点环节网络安全防护能力亟须提升。高比例新能源、新型储能、柔性直流输电等电力技术快速发展和推广应用，系统主体多元化、电网形态复杂化、运行方式多样化的特点愈发明显，对电力系统安全、高效、优化运行提出了更大挑战。

发展量子信息技术在电力领域的应用，将极大地提高电网测控技术的灵敏性、灵活性和应急备灾保障能力，从而更好地应对自然灾害、突发事件、战争等极端状况，为国家能源安全和电力供应稳定做出贡献。量子电压传感器和电流传感器可以提供高精度的电压和电流测量，帮助电力系统实时监测电力负荷和设备状态，及时发现和应对潜在问题。芯片级分子时钟可以提供高稳定性的时间基准，确保电力系统各个环节的同步和协调运行，提高电网的可靠性和安全性。量子密钥分发网络可以确保变电站间关键数据的安全传输，防止敏感数据泄露；而量子安全视频会议系统则能提供安全、稳定的远程会议服务，满足电力各级单位的通信需求，提升会议信息传输的稳定性和安全性。量子计算在潮流计算与分析、机组组合优化、故障诊断、位置选择等方面展现出巨大潜力。通过量子计算，可以实现指数加速、更高效的计算效率和收敛性能，以及更准确的预测或更广泛的泛化能力。

2

量子信息技术简述

2.1   基本理论

量子力学是描述微观世界中粒子行为的理论框架，在 20 世纪初由一系列科学家共同建立起来。例如 1900 年，普朗克提出了量子假设，为量子理论的发展奠定了基础；1905 年爱因斯坦提出光电效应理论，将光看作粒子，为光子概念的确立做出了贡献；1913 年，玻尔提出了氢原子的量子模型，成功解释了氢光谱的谱线；1924 年，德布罗意提出了波粒二象性假设，认为物质粒子具有波动性质；1926 年，薛定谔提出了薛定谔方程，描述了量子力学中粒子的运动规律；1935 年，爱因斯坦、波多尔斯基和罗森提出爱因斯坦—波多尔斯基—罗森佯谬（Einstein-Podolsky-Rosen paradox，EPR 悖论），挑战了物理学家对物理现实和局部性的传统看法，迫使他们重新审视和思考量子力学所揭示的世界的本质和特征；1948 年，费曼提出了费曼图、费曼路径积分、部分子模型等创新的概念和方法；1964 年，贝尔提出贝尔不等式，为量子力学的基础理论提供了重要支持；1984 年，查尔斯·本内特（Charles H. Bennett）和吉尔·布拉萨德（Gilles Brassard）等人发布用于量子密钥交换的 BB84 协议；1994 年肖尔提出大数的质因数分解算法（Shor 算法），让人们看到了量子计算机对加密领域的巨大威胁，从而加速了人们对量子计算机的研究进程；2022 年，诺贝尔物理学奖授予量子信息领域的三位科学家，表彰他们通过纠缠光子实验，验证了贝尔不等式的不成立，进一步支持了量子理论的基本原理，这些成果开创了量子信息科学。量子信息技术发展简史如图 2-1 所示。

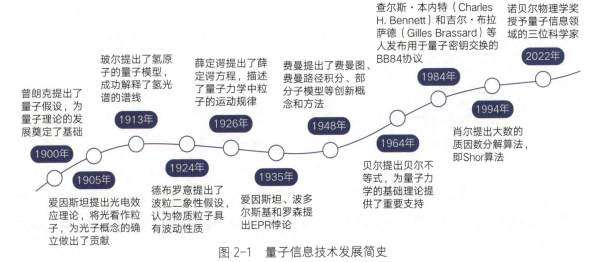

图 2-1   量子信息技术发展简史

与经典力学相比，量子力学在描述微观粒子行为时，引入了一些全新的概念和原理。例如在经典力学中，物体的状态可以被完全确定，可以同时知道一个物体的位置和速度。然而在量子力学中，无法同时精确地知道一个粒子的位置和动量。这是因为在微观世界中，粒子的行为更像波动，而不是经典的粒子运动。

这一理论框架的核心包括几个基本概念，如波粒二象性、量子叠加和不确定性原理。

波粒二象性是量子力学的基石之一，它指出微观粒子既具有粒子的性质，如质量和位置，又具有波的性质，如频率和波长。这意味着微观粒子在某些情况下表现出波动性质，可以相互干涉和产生衍射现象，而在其他情况下则表现为粒子的行为，具有局部化的特征。

量子叠加是指量子系统可以同时处于多个可能的状态之间。这意味着在某一时刻，一个量子系统可以同时处于多种状态的叠加态中，直到被测量为止。这种叠加态的性质使得量子计算和量子通信等领域可以实现更高效的计算和通信方式。

不确定性原理是由海森堡提出的，它指出在量子力学中，无法同时确定粒子的位置和动量。换句话说，粒子的位置和动量不能同时精确测量，存在一种不确定性关系。这一原理揭示了微观世界的测量存在固有的限制，挑战了经典物理学中的确定性原则。

2.2 技术简介

近年来，量子信息技术已经广泛应用于多个领域。量子计算利用量子叠加和量子纠缠的特性，能够在某些情况下实现比传统计算机更快速的计算。2019 年，谷歌实现了量子优越性，在特定任务上性能超过了经典计算机。量子通信利用量子纠缠原理实现了更加安全的通信方式，可以抵御传统加密技术所面临的量子计算攻击。2016 年 8 月，中国成功发射"墨子号"量子通信卫星，实现了地面和卫星之间的安全通信。量子测量则利用量子力学的波粒二象性和不确定性原理，实现对物理量的超精密测量，如光的强度、粒子的速度等。随着人类对量子力学的深入理解和量子技术的不断发展，量子信息技术将会在更多领域展现出其强大的应用潜力，推动着科学技术的不断进步。

2.2.1　量子测量

　　量子测量是一种基于微观粒子系统及其量子态的微观尺度测量，可测量磁场、电场、时间、重力、惯性、加速度等多种物理量，在测量精度、灵敏度、溯源性等方面比传统测量技术更有优势。

　　量子测量技术可应用于高准确度计量标准及现场测量器具两大方面。在高准确度计量标准方面，2018 年 11 月国际计量大会通过了修订国际单位制的决议，"千克""安培""秒"等 7 个基本单位全部实现由物理常数定义，这标志着国际单位制已经完成了量子化变革。可利用单电子效应、约瑟夫森效应、量子霍尔效应、原子钟技术，构建新型量子标准体系。在现场测量器具方面，可将原子磁力计、金刚石氮空位色心、里德堡原子、离子阱等技术用于研制电流互感器（磁场传感器）、电压互感器（电场传感器）等现场测量器具。

1　高准确度计量标准

　　（1）量子电流。电流最新定义为单位时间内通过某一截面的电荷量，而构成电荷量的最小单位是电子电荷 e，所以电流的大小就与基本物理常数 e 直接相关。电流量子化的定义如式（2-1）所示。当 $f=1/ne$ 时，即定义了 1A。

$$I = n \times e/t = n \times e \times f \text{(A)} \tag{2-1}$$

式中　n——时间 t 内通过某导体截面的电子个数；

　　　f——收集到载流子的频率。

量子电流原理如图 2-2 所示。

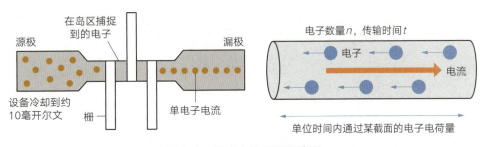

图 2-2　量子电流原理示意图

　　理论上，通过对电子的精准控制可以实现电流的量子化复现。电流强度的量子复现准确度与电子电荷量一致，远高于现有的所有电流标准。目前复现量子电流的方法有单电子隧道效应和粒子加速器原理。单电子隧道效应是通过精准控制电子流通的个数来实现电流量子化，粒子加速器原理则是对电子个数进行精准探测以及通过高电压控制电子传输速率，从而实现电流量子化。

目前国际上有两种方案实现电流量子化，分别是基于单电子隧道效应的量子电流和基于电子加速器电子流计数的量子电流。目前国内外量子电流相关进展如表 2-1 所示。

表 2-1　国内外量子电流相关进展

方案	时间	国家	机构	核心技术	进展／效果
基于单电子隧道效应	2022 年	芬兰	Aalto University	基于固态直接频率到功率转换的混合单电子晶体管	优化条件下，测量误差可以低于 1%[1]
	2023 年	印度	Rajiv Gandhi University	ZnSe/CdSe 核壳量子点	高偏压下观察到的基于光致单电子隧道效应的库仑阶梯效应[2]
基于电子加速器	2022 年	中国	中国电力科学研究院	基于电子加速器的电力电流量子化能量测量方法和装置	可以克服量程小的问题，可及时调整实验参数[3]
	2022 年	瑞士	CTF3	直线型加速器	驱动束流的稳定性（5×10^{-4}）显著提高

当前基于单电子隧道效应的单电子泵量子电流强度仍难以到达纳安量级，其小电流输出在实验室飞安至微安级小电流直流校准仍具有优势，而在基于电子加速器的量子电流方面，束流稳定度、束流强度、抖动处理、注入效率等因素对电流量子化输出至关重要。

（2）量子电压。电压量子化的定义如式（2-2）所示。当约瑟夫森结数量固定，微波频率 $f=2e/hn$ 时，即定义了 1V。

$$U = nf\text{h}/2\text{e} \tag{2-2}$$

式中　U——量子化的电压值；

　　　n——约瑟夫森结数量；

　　　f——微波频率；

　　　e——电子电荷；

　　　h——普朗克常数，具体数值为 4.83×10^{14}。

目前用量子信息技术复现电压量值需利用约瑟夫森效应。约瑟夫森效应是指在低温超导环境下，通过偏置电流和微波功率辐射，由两块超导体夹以某种很薄的势垒层而构成的材料两端会产生量子电压台阶——夏皮洛台阶（Shapiro Step），理论上电压量值复现的准确度仅取决于所施加微波频率的准确度。约瑟夫森结如图 2-3 所示。

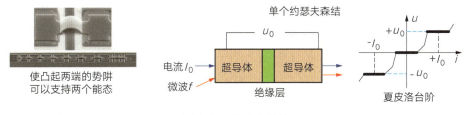

使凸起两端的势阱
可以支持两个能态

单个约瑟夫森结

电流 I_0　超导体　超导体
微波 f
绝缘层

夏皮洛台阶

图 2-3　约瑟夫森结

约瑟夫森结的量子电压技术主要有可编程型和和脉冲驱动型约瑟夫森交流量子电压两类技术方案。目前国内外量子电压相关进展如表 2-2 所示。

表 2-2　国内外量子电压相关进展

方案	时间	国家	机构	核心技术	进展 / 效果
可编程型约瑟夫森结	2023 年	中国	国网陕西省电力有限公司营销服务中心	面向三进制可编程约瑟夫森结阵的偏置组合算法	计算效率明显优于传统的枚举 – 索引算法[4]
	2023 年	中国	中国计量科学研究院	2V 可编程约瑟夫森结阵所有子阵列	量子电压台阶宽度均大于 1.3mA[5]
脉冲驱动型约瑟夫森结	2020 年	美国、德国	NIST、PTB	将多个约瑟夫森结阵串联并分别采用高速电流脉冲驱动	实现了 4V 有效值的交流量子电压输出[6]
	2020 年	中国	中国计量科学研究院	驱动包含 4 个子阵列，每个子阵列含 12810 个约瑟夫森结的结阵芯片，并结合 4 通道联合低频补偿的方式	产生了 1V 有效值的脉冲驱动型交流量子电压

目前针对这两种不同的技术路线，约瑟夫森效应具有永恒不变性的量子物理现象，但是目前没有成熟的试验方法验证不同材料、技术方案、生产厂商制造的交流量子电压系统之间，在宽频带范围内的一致性和可靠性，而脉冲型方案还处于发展阶段，其系统性误差有待验证。

（3）量子霍尔电阻。电阻的量子化定义表达如式（2-3）所示。

$$R = \frac{h}{ie^2} \qquad （2-3）$$

式中　R——量子霍尔电阻的阻值；

　　　h——普朗克常数；

　　　i——填充系数，为正整数；

e——基本电荷常数。

目前电阻量值的量子化复现基于量子霍尔效应，量子霍尔效应为处于极低温和强磁场下的高迁移率二维电子气，其横向电阻呈现出一系列与普朗克常数和电荷常数相关的平台的现象，依据量子霍尔效应制备的量子电阻其不确定度为 10^{-10}。量子霍尔效应原理与基准装置如图 2-4 所示。

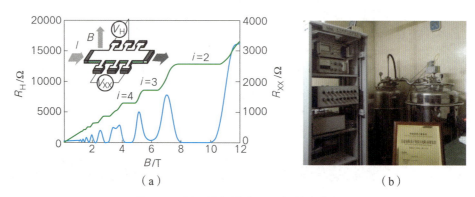

（a）   （b）

图 2-4　量子霍尔效应原理与基准装置
（a）量子霍尔效应原理；（b）基准装置

针对基于量子化霍尔效应的量值电阻标准研究，主要围绕砷化镓原理、石墨烯原理及铁磁拓扑材料原理三种技术路线展开。目前国内外量子电阻相关进展如表 2-3 所示。

表 2-3　国内外量子电阻相关进展

技术路线	时间	国家	机构	核心技术	进展 / 效果
砷化镓	2023 年	日本	Tohoku University	18nm GaAs/AlGaAs 异质结	合成了 $2h/e^2$ 和 $(2/3)h/e^2$ 的电阻量子化，偏差在 2% 以内[7]
石墨烯	2018 年	美国	NIST	不用液氦，可连续运行，可全年进行量化的霍尔电阻测量	可以实现 100 或更高的大电阻比[8]
石墨烯	2022 年	中国	上海微系统与信息技术研究所	采用在绝缘衬底表面气相催化辅助生长石墨烯[9]	量子电阻标准比对准确度达到 1.15×10^{-8}，长期复现性达到 3.6×10^{-9}
铁磁拓扑材料	2018 年	德国	PTB	研制了掺杂钒的特定铁磁拓扑材料	在 10 纳安的测量电流下，其不确定度达到了 0.2×10^{-6}
铁磁拓扑材料	2019 年	日本	东京大学	$(Zn,Cr)Te/(Bi,Sb)_2Te_3/(Zn,Cr)$ 三明治异质结[10]	观察到了铁磁拓扑材料自发磁化而产生的量子电阻
铁磁拓扑材料	2022 年	日本	日本国家计量研究院	利用 Cr 掺杂 $(Bi,Sb)_2Te_3$ 异质结薄膜[11]	测量不确定度在 1×10^{-8} 量级

目前的三种量子电阻技术路线中，砷化镓方案是制备技术最成熟且最容易实现的一种方法，但其平台宽度过窄；石墨烯方案对温度和磁场的要求较为宽松，但其自身材料的制备具有较多不确定因素；铁磁拓扑材料可以在无磁场的条件下复现量值，是目前的主要发展趋势。

（4）量子时间（秒）。时间的量子化定义表达如式（2-4）所示。

$$t = \frac{9192631770}{V_{CS}} \qquad (2\text{-}4)$$

式中　　t——量子时间；

　　V_{CS}——铯 133 原子的能级跃迁频率，其固定值为 9192631770Hz。

目前秒的量值的复现基于其量子化定义，即铯 133 原子不受扰动的基态超精细能级跃迁频率的值，可采用相干布局数囚禁（CPT）原子钟、喷泉钟、光钟等对量子时频进行复现，其基本原理大致类似，是以原子或离子内部能级间的跃迁频率作为参考，锁定晶体振荡器或激光器频率，从而输出标准秒脉冲或频率信号的标准装置。

当前量子时频标准方面的研究，研究人员以 CPT 原子钟为研究对象，围绕其小型化、芯片化以及低功耗等方面开展了相关研究。目前国内外量子时频相关进展如表 2-4 所示。

表 2-4　国内外量子时频相关进展

研究方向	时间	国家	机构	核心技术	进展 / 效果
原子钟小型化芯片化	2018 年	美国	NASA	将空间芯片原子钟产品应用于低轨和微纳卫星	体积控制在 17cm³，功耗低于 125mW
	2020 年	中国	中国科学院	保持稳定度与功耗不变[12]	体积降至 2.3cm³
	2023 年	美国	Microsemi	升级版 5071B 芯片级原子钟	19 英寸，500 万亿分之一的绝对频率精度[13]
原子钟低功耗	2019 年	中国	中国科学院	CPT 原子钟	频率稳定度为 2×10^{-10}，其功耗能够控制在 200mW
	2019 年	美国	NIST	实验性芯片型 Rb 原子光学原子钟	准确度比基于 Cs 原子的高出 50 倍，功耗仅 275mW[14]

CPT 原子钟不依靠微波谐振腔获得微波鉴频信号，不受微波谐振腔体积限制，因此物理系统具有可小型化、微型化的优势。而目前实现的芯片原

子钟体积、功耗均比最小的传统原子钟小 1 个量级以上，且仍保持原子钟守时精度高的优点，是对守时精度要求高的高端仪器设备的理想频率源部件。

2 现场测量器具

（1）电流互感器 / 磁场传感器。

1）原子磁力计。原子磁力计利用碱金属原子的内部电子磁矩与外部磁场的相互作用，测量能级结构的微小变化，实现对磁场的高灵敏度测量。无自旋交换弛豫（SERF）磁力计使原子自旋交换弛豫速率远大于拉莫尔自旋进动频率，灵敏度最高可达 aT（10^{-18}）量级，具有无须低温、可小型化、结构简单等优势。SERF 原子自旋磁力仪装置原理如图 2-5 所示。

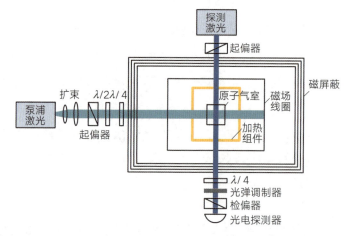

图 2-5　SERF 原子自旋磁力仪装置原理设计图

针对原子磁力计的精密磁场测量技术研究，主要围绕光泵浦（OPM）磁力计、非线性磁光旋转（NMOR）磁力计和无自旋交换弛豫（SERF）磁力计三个方面展开。目前国内外原子磁力计相关进展如表 2-5 所示。

表 2-5　国内外原子磁力计相关进展

分类	时间	国家	机构	核心技术	进展 / 效果
光泵浦磁力计	2018 年	美国	NIST	微电机系统工艺，将 OPM 的磁场探头体积缩小至 25mm³	功耗 194mW，在 1~100Hz 带宽内，灵敏度达到 5pT/$\sqrt{\text{Hz}}$
	2023 年	中国	北京航空航天大学	由伪随机比特序列（PRBS）波形驱动	磁力计的响应提高了 56%，相对偏振梯度优于 4%/cm[15]

续表

分类	时间	国家	机构	核心技术	进展 / 效果
非线性磁光旋转磁力计	2019 年	中国	华东师范大学	改善极化自旋（PSR）效应	信噪比（SNR）提升至 10dB，灵敏度 8T/ $\sqrt{\text{Hz}}$ [16]
	2021 年	美国	NIST	将 NMOR 的光电探测信号反馈到 VCSEL 的注入电流	实现了自激振荡式原子磁力计，灵敏度达到 150fT/ $\sqrt{\text{Hz}}$
	2023 年	中国	上海交通大学	将双模压缩场注入 NMOR 双探针磁场梯度计	噪声功率谱降低了 5.5dB，量子增强的频率从 7Hz 到 6MHz，灵敏度为 18fT/cm [17]
无自旋交换弛豫磁力计	2019 年	中国	中国科学院	基于 Rb 原子的 Serf 磁力计	实现 33fT/ $\sqrt{\text{Hz}}$ 灵敏度的 SERF 磁力计，并用于磁共振样品的微弱磁场测量
	2019 年	中国	中国科学技术大学	搭建基于 Rb 原子的超低场核磁共振平台	实现了 10fT/ $\sqrt{\text{Hz}}$ 灵敏度

2）金刚石 NV 色心。金刚石氮空位（NV）色心是金刚石中氮原子取代碳原子后与附近的空穴组成的点缺陷。在外磁场作用下，NV 色心能级结构发生改变，通过激光和微波对其量子态进行制备、操控及读取，从而可获得测量信息，可实现 fT（10^{-15}）灵敏度的磁场探测。基于 NV 色心的磁传感技术具有高灵敏度、固态介质高可靠性、高集成化前景的优势。金刚石 NV 色心结构及磁共振谱如图 2-6 所示。

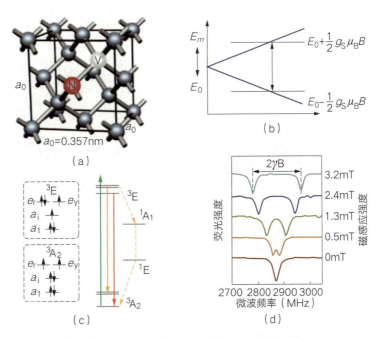

图 2-6   金刚石 NV 色心结构及磁共振谱
（a）NV 色心结构；（b）能级劈裂；（c）NV 色心能级；（d）光探测磁共振谱

针对金刚石 NV 色心的精密磁场测量技术研究，主要围绕高灵敏测量方法和集成小型化两个方面展开。目前国内外金刚石 NV 色心磁力计相关进展如表 2-6 所示。

表 2-6　国内外金刚石 NV 色心磁力计相关进展

研究方向	时间	国家	机构	核心技术	进展 / 效果
高灵敏度测量方法	2018 年	中国	中北大学	微波频率调制解调，结合荧光全收集技术	得到了 14nT/$\sqrt{Hz}$ 的磁测量灵敏度
	2020 年	中国	中国科学技术大学	反射涂层荧光增强技术，以金层作为反射膜	荧光收集效率提高了 92%，磁测量灵敏度达到 164pT/$\sqrt{Hz}$
集成化小型化	2019 年	丹麦	丹麦技术大学	外接光纤激光器，高反射金属涂层荧光增强技术	实现了 7nT/$\sqrt{Hz}$ 的磁场测量灵敏度
	2019 年	美国	MIT	CMOS 工艺，将关键器件集成在微型电路板上	实现了 32.1μT/$\sqrt{Hz}$ 的灵敏度
	2020 年	德国	乌尔姆大学	PCB 基板堆叠微组装技术和相消降噪技术	灵敏度达 344pT/$\sqrt{Hz}$
	2022 年	中国	中国科学院	MEMS 技术，结合噪声共模噪声抑制技术	系统灵敏度达到 2.03nT/$\sqrt{Hz}$

（2）电压互感器 / 电场传感器。里德堡原子指具有较大的主量子数（$n > 20$）的高激发态原子，通过临近量子态电偶极跃迁实现电场传感，其中原子极化率正比于 n^7，相互作用强度正比于 n^4，光谱线宽反比于 n^3，常以碱金属原子蒸气为介质。里德堡原子可对静电场、微波电场、射频电场进行测量，具有可溯源性好、探测灵敏度高、动态范围大等优点。里德堡原子技术如图 2-7 所示。

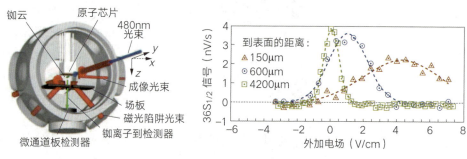

图 2-7　里德堡原子技术示意图

针对里德堡原子的精密电场测量技术研究，主要围绕高灵敏度测量方面展开。目前国内外里德堡原子电场强计相关进展如表 2-7 所示。

表 2-7　国内外里德堡原子电场强计相关进展

研究方向	时间	国家	机构	核心技术	进展 / 效果
高灵敏度测量	2022 年	中国	中国科学技术大学	非共振外差方法对 30-MHz 微波电场的高灵敏度测量	最小电场强度为 37.3μV/cm，灵敏度为 –65dBm/Hz[18]
	2023 年	中国	中国科学技术大学	利用辅助微波场扩展了微波电场测量的带宽灵敏度	测量灵敏度提高了 10 倍[19]
	2023 年	中国	中国科学院	选择电偶极矩较大的里德堡态	灵敏度 5.102(49)nV/cm/$\sqrt{Hz}$[20]
高分辨率测量	2018 年	美国	NIST	采用 Ku 波段 13.49GHz 的微波	实现了 1/10 波长的空间分辨力二维成像
	2023 年	中国	北京无线测量研究所	双色电磁感应透明性（EIT）测量微波电场的方案	光谱分辨率可提高约 4 倍，微波电场的最小可检测强度可提高约 3 倍[21]
	2023 年	中国	重庆大学	构建针对低频电场的里德堡原子传感测量系统	合成相对标准不确定度为 3.885%

（3）其他。太赫兹（THz）波是指频率为 10^{11}~10^{13}Hz 的电磁波，具有高穿透性、低能性特性。利用太赫兹波照射待测样品，通过分析待测样品的透射信号或反射信号中包含的振幅、相位或强度等信息，从而得到样品的成像图像。太赫兹成像技术较传统成像技术，在成像速度、成像分辨率、成像维度和成像灵敏度等方面具有优势。太赫兹成像如图 2-8 所示。

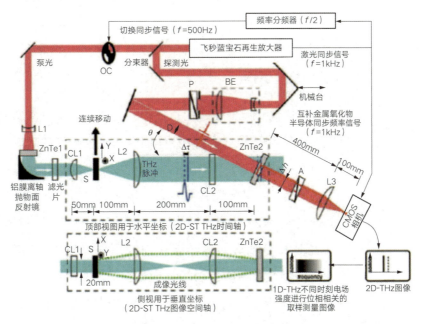

图 2-8　太赫兹成像示意图

针对太赫兹成像技术的研究，主要围绕脉冲太赫兹成像、连续太赫兹成像、太赫兹近场成像三个方面。目前国内外太赫兹成像技术相关进展如表 2-8 所示。

表 2-8　国内外太赫兹成像技术相关进展

研究方向	时间	国家	机构	核心技术	进展 / 效果
脉冲太赫兹成像	2018 年	中国	上海理工大学	手性依赖的超表面结构	单频点偏振可控的 THz 超聚焦光斑，半峰全宽约为 0.38λ[22]
	2019 年	中国	上海理工大学	偏振可控的太赫兹超构表面透镜	实现了偏振可控的高分辨成像检测功能
连续太赫兹成像	2018 年	中国	天津大学	透射式连续 THz 扫描成像系统	成像分辨率达 260μm[23]
	2018 年	俄罗斯	俄罗斯科学院	将固体浸没透镜技术应用于太赫兹成像系统	将成像系统分辨率有效提升至 0.15~0.3λ[24]
	2021 年	中国	天津大学	反射窗口和 ATR 棱镜快速切换	共光路连续 THz 反射和 ATR 双模式成像[25]
太赫兹近场成像	2020 年	中国	中国工程物理研究院	采用自旋电子 THz 发射阵列取代半导体晶片	实现了太赫兹波的线内偏振旋转，使得融合图像对比度无偏振[26]
	2022 年	中国	首都师范大学	空气等离子体动态孔径实现太赫兹成像	在 0.94、1.35、1.91THz 处系统成像分辨率分别达 165、134、81μm

2.2.2　量子通信

量子通信利用量子叠加态或纠缠效应，在经典通信辅助下进行量子态信息传输或密钥分发，理论协议层面具有信息论可证明安全性。

为了应对未来可能面临的安全挑战，尤其是针对量子计算机的威胁，出现了多种技术、产品及解决方案，当前，较为成熟和影响力较大的包括量子密钥分发（QKD）、量子随机数生成器（QRNG）和抗量子密码（PQC）。

QKD 和 QRNG 是基于量子力学原理的技术。QKD 通过物理手段（如光子的状态）来实现密钥的安全分发，而 QRNG 利用量子力学的原理生成不可预测的随机数，增强加密过程的随机性和安全性。

PQC 则是基于数学理论，构建了一系列能抵抗量子计算攻击的算法。

目前，PQC 正处于选定最佳算法的阶段，旨在在量子计算机成为现实之前，替代传统加密算法。

尽管 QKD 和 PQC 已经有了一定的应用实例，但这两种技术仍在积极的研究和开发中，不断地发展和完善。本报告主要介绍时下较为成熟、关注度较高、应用前景较为明确的三类技术。

1 量子密钥分发

量子密钥分发（QKD）是一种利用量子力学原理来安全地分发密钥的方法。它的核心理念是基于量子不可克隆定理和量子纠缠现象。量子密钥分发是通信双方通过传送量子态的方法实现信息理论安全的密钥分发过程，任何窃听行为都会因扰动量子态而被及时发现。因此，这是目前理论上最为安全的通信方式。

QKD 有诸多通信协议，如 BB84、E91、B92、DV-QKD（离散变量量子密钥分发）、CV-QKD（连续变量量子密钥分发）等。

QKD 与传统密钥分发存在显著差异。传统通信主要基于经典比特的传输，信息以 0 和 1 的二进制形式传递。而量子通信则利用量子比特，可以同时处于 0 和 1 的叠加态，以及纠缠态的性质，使得信息传输更加灵活和安全。

目前，离散变量方案中的诱骗态 BB84 协议是安全论证成熟、应用最广泛的协议，基于该协议的光纤量子密钥分发设备已经实现较大规模商用。如图 2-9 所示的 BB84 协议方案实现量子密钥分发的工作流程，包括发送方制备编码（对离散变量常用偏振、相位、时间进行编码）单量子态、传输、接收方测量解码，然后双方通过经典通信进行筛选比对、误码检测和纠错、保密增强。

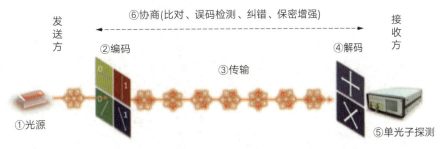

图 2-9 单量子制备测量（BB84 协议）方案原理图

量子随机数生成器（QRNG）是利用量子力学的随机性质生成真正的随机数。通过使用量子态的不确定性，如光子的极化或其他量子系统的性质，QRNG 可以测量量子态的随机性，并将其转换为随机比特序列。QRNG 主要技术路线包括基于真空涨落的量子随机数生成器方案、基于放大自发辐射的量子随机数生成器方案和基于相位噪声的量子随机数生成器方案。

QRNG 利用量子态的不确定性生成真正的随机数，与传统的基于算法的伪随机数发生器相比，QRNG 的输出更为随机、不可预测，克服了伪随机性的局限。

QRNG 在密码学、安全通信、数字签名、科学研究和其他需要高质量随机数的领域具有广泛应用前景。在电力方面，阿曼苏丹国的日立能源安装了电网通信技术解决方案阿曼电力传输公司（OETC）的关键数字电力基础设施。此次方案量子安全用户数据加密的集成 QRNG，针对基于包的传输网络（MPLS-TP）中的网络攻击提供端到端加密[27、28]。

当前，量子密钥分发前沿技术的研究方向是进一步提升 QKD 系统性能，包括 QKD 系统的高成码率/高速率、远距离、小型化研究等；量子随机数生成的未来发展方向主要是集中在提高生成速度、缩小发生器尺寸、降低成本与价格等，近几年来，国内外的主要研究机构陆续取得了一些成果。目前国内外量子密钥分发相关进展如表 2-9 所示。

表 2-9　国内外量子密钥分发相关进展

研究方向	时间	国家	机构	核心技术	进展/效果
高成码率/高速率	2023 年	瑞士	日内瓦大学	将 14 通道集成超导纳米线探测器应用到 QKD 中	成码率达到 64Mbps@10km[29]
	2023 年	中国	中国科学技术大学	高保真度集成光子学量子态调控、高计数率超导单光子探测	密钥率提升至 115.8Mbps@10km[30]
	2023 年	瑞士	Terra Quantum	传统光纤和光放大器	数据传输速率提高了 1 万倍[31]
远距离	2021 年	日本	东芝	基于双场协议	600km 光纤量子密钥分发[32]
	2021 年	中国	中国科学技术大学	基于四相位调制、超低噪声探测	量子密钥分发距离 833.8km[33]
	2023 年	中国	中国科学技术大学	基于双频相位估计和超低噪声超导探测器	量子密钥分发距离达 1002km[34]

续表

研究方向	时间	国家	机构	核心技术	进展 / 效果
芯片化、小型化	2020 年	中国	中国科学技术大学	基于硅光芯片的高速测量器件无关量子密钥分发	将光源组件全部集成在 4.8mm × 3mm 的硅光芯片上 [35]
	2021 年	日本	东芝	QKD 光学功能模块全部芯片化	插拔光模块（编码、探测）的小型 QKD 终端产品 [36]
	2023 年	瑞士	日内瓦大学	实现全芯片化	2.5GHz 的高速 QKD，成码率达到 1.3kbps@151km

2 量子互联网

量子互联网是一种运用量子力学原理传输信息的新型互联网，能够使绝对安全的网络通信成为可能。

由于量子具有不可再分、不可复制的特性，对量子体的任何测量行为都是对量子体的一次修改，所以任何窥探量子信息的企图都会留下马脚，可以被量子信息的接收者监测到，因此，量子互联网被称为"最安全的互联网"。

量子互联网的发展可分为 6 个阶段：

最初阶段也叫"0"阶段。在这一阶段的网络中，用户能建立一个通用的加密密钥，以便安全地共享数据。量子物理学仅在幕后工作，服务提供商使用它来创建密钥。但因此服务提供商就知道了密钥，这意味着用户必须信任服务提供商。这种类型的网络已经存在。

在第 1 阶段，用户正式进入量子游戏，发送者创建量子状态（通常是光子）。这些量子状态或沿着光纤，或通过在开放空间中发射的激光脉冲被发送到接收器。在此阶段，任何两个用户都可以创建只有他们自己知道的私有加密密钥。该技术还使用户能将量子密码提交给诸如 ATM 之类的机器，机器将能够在不知道密码是什么的情况下对密码进行验证，也无法窃取密码。

在第 2 阶段，量子互联网将利用强大的纠缠现象。它的第一个目标是使量子加密基本上无法破解。这个阶段所需的大多数技术已经存在，至少可以实现基本的实验室演示。

在第 3~5 阶段，量子互联网将首次使任何两个用户能存储和交换量子比特。

在最后一阶段，将真正的全量子互联网推向实用化需要克服量子中继器难题，以帮助量子比特在长距离和大范围内发生纠缠❶。

量子互联网发展阶段划分如图 2-10 所示。

图 2-10 量子互联网发展阶段划分

量子保密通信网络是"量子互联网"的初级阶段，量子互联网是量子通信的"高阶形态"——量子互联网以量子通信技术为依托。量子互联网是以量子通信技术支撑的一种产生和使用量子资源的新型功能网络。首要目标是实现信息安全方面的应用，最终的目标是"全量子网络"，将量子计算、量子传感和测量等功能融入进来，形成量子安全网络、分布式量子计算和量子传感网络。相对于量子通信，量子互联网具有更多功能，如使量子传感器和量子计算机的网络式分布成为可能，但也需要额外的技术支撑，如量子存储器等硬件开发、网络堆栈等软件开发。

目前全球关于量子互联网的研究还在第 1 阶段。2017 年，由中国科技大学潘建伟教授领导的小组创造了传输的世界纪录，成功用一颗卫星实现两个相距 1200 多千米的实验室之间的量子连接。

量子互联网利用量子的不可克隆定理，能够实现远超现有加密技术的安全量子信息传输，是目前唯一已知的不可窃听、不可破译的无条件安全通信方式。2020 年美国和欧盟先后出台重量级量子信息技术战略性文件，将量子互联网作为发展目标，部署开展多项量子互联网相关研究任务。英国、日本、韩国、俄罗斯等国以及欧盟也在加紧部署量子网络建设。目前国内外量子互联网相关进展如表 2-10 所示。

---

❶ 荷兰代尔夫特理工大学的量子研究团队在英国《自然》杂志上发布的报告对量子互联网的发展划分为六大阶段。

表 2-10　国内外量子互联网相关进展

发展角度	时间	国家/地区	机构	进展概述
技术	2018 年	韩国	韩国科学技术研究院	50m 内成功发射和接收无线量子通信
	2020 年	美国	费米实验室	以 90% 准确度传送 44km
	2021 年	中国	中国科学技术大学	跨越 4600km 的星地量子通信 [37]
战略	2019 年	美国	美国能源部	320 万美元用于伊利诺伊州量子网络
	2020 年	印度	印度科学技术部	提出了国家量子任务，计划未来 5 年内投入 800 亿卢比，重点推进包括量子互联网关键技术创新
	2021 年	欧洲	欧洲核子研究中心	量子信息技术倡议发布第一份路线图，包括量子物联网相关研究计划

3　抗量子密码

抗量子密码（Post Quantum Cryptography），也称为后量子密码（Post-quantum cryptography），指能够抵抗量子计算机攻击的加密算法。RSA 和 ECC 等传统公钥密码体系将面临被量子算法（如 Shor 算法）破解的风险。这些算法设计通常基于数学问题，主要包括基于格的密码算法、基于多变量的密码算法、基于哈希的密码算法和基于编码的密码算法等，如图 2-11 所示。

图 2-11　抗量子密码分类

（1）基于格的密码算法。该类方法包括基于 LWE（Learning with Error）、环变体 RLWE（Ring-LWE）与模变体 MLWE（Module-RLWE）的公钥加密算法和签名算法；较早的 NTRU 或 GGH 公钥算法，以及较新的 NTRU 签名和 BLISS 签名。其中一些方案，如 NTRU 公钥算法，经过多年的研究，尚未发现高效的攻击方法。而对于基于 LWE 类安全性假设的方案，已经可证明它们的安全性可被规约到最坏情况的格问题。

（2）基于多变量的密码算法。多变量密码方案包括基于解多变量方程系统困难性的密码系统，如 Rainbow（Unbalanced Oil and Vinegar）签名方案可为量子安全数字签名提供基础。

（3）基于哈希的密码算法。这类密码系统包括但不限于 Lamport 签名、Merkle 签名方案等。基于哈希的数字签名是由 Ralph Merkle 于 1970 年末发明的，并且一直以来都作为潜在的 RSA 和 DSA 等数字签名的替代方案受研究。它们的主要缺点是对于任何基于哈希的公钥以及给定的私钥，可以签署的签名数量有限。这个事实在很大程度上降低了对这些签名的兴趣，直到由于对抗量子计算机攻击的需求而重新引起兴趣。

（4）基于编码的密码算法。基于编码的密码体制主要关注依赖于纠错码的密码系统，如 McEliece 和 Niederreiter 加密算法以及相关的 Courtois、Finiasz 和 Sendrier 签名方案。原始的使用随机 Goppa 码的 McEliece 签名已经经受了 40 多年的检查和攻击。

相较于传统密码学算法，抗量子密码的安全性基于新的数学难题，这使得即便在量子计算机出现后，这些算法仍然能够提供的安全性。其次，抗量子密码通常能够以较短的密钥长度实现相同级别的安全性，减少了密钥交换和存储的资源需求。此外，抗量子密码的设计考虑了量子计算机的威胁，因此在未来的量子时代中更具前瞻性，为信息安全提供了可靠的保障。

2016 年，NIST 开始了一项抗量子密码系统征集的计划，通过寻找、设计、开发和标准化抗量子密码系统，旨在未来取代现有的密码系统标准。在第一轮征集提交中，共有 69 份抗量子密码算法，其中包括 20 个数字签名算法和 49 个公钥加密或密钥封装方案。按照提交的算法类型，抗量子密码体制主要分成基于格的密码算法、基于多变量的密码算法、基于哈希的密码算法和基于编码的密码算法。除此之外，基于同源的密码算法也在密码学家的研究范围之内，但目前未形成体系。目前国内外抗量子密码相关进展如表2-11 所示。

表 2-11　国内外抗量子密码相关进展

时间	国家	机构	进展概述
2023 年	美国	QuSecure	与 Arrow 电子公司签署一项软件分销协议。根据该协议，Arrow 将组织其销售团队将 QuSecure 的 QuProtect 软件带给其客户群[38]

续表

时间	国家	机构	进展概述
2023 年	日本	SoftBank	完成对以椭圆曲线密码（ECC）为代表的经典加密算法与 PQC 算法的技术混合，通过与美国 SandboxAQ 的合作完成对该混合组合技术的概念验证，并确认其可以应用于现有网络[39]
2023 年	美国	QuSecure	推出美国首个具有 PQC 加密技术的实时端到端卫星加密通信链路[40]
2023 年	法国	Eviden	发布其首个"后量子就绪"（Post-quantum ready）数字身份解决方案。该解决方案由 PQC 驱动，包括 IDnomic PKI 和 Cryptovision Greenshield 两款网络安全产品[41]
2023 年	美国	IBM	发布了量子安全路线图，该路线图包括组织 / 公司可以采取实施的量子通信步骤。同时，IBM 还发布了一套端到端的解决方案 IBM Quantum Safe 以支持量子安全路线的实施[42]

2.2.3 量子计算

量子计算是一种新型计算方式，其基本原理在于利用量子比特的特殊性质以实现高效的信息处理。量子比特是量子计算的基本单位，与传统计算机中的比特不同。在经典计算中，比特是二进制的，只能处于 0 或 1 的状态。相比之下，量子比特可以同时处于 0 和 1 的状态，这一现象称为量子叠加。此外，量子比特还可以通过量子纠缠与其他量子比特产生关联，这为量子计算提供了巨大的并行处理能力，使得量子计算在某些特定任务上能够以指数级的速度胜过传统计算机，如解决复杂的数学问题和模拟量子系统。量子计算机和经典计算机对比如图 2-12 所示。目前量子计算的研究分为量子计算硬件与软件两个方面。

量子计算机	经典计算机
以量子比特(qubit)的形式处理数据 **QCPU中主要为各能量状态下的量子比特**	以比特(bit)的形式处理数据 **CPU中主要为各种逻辑门电路**
算力与量子比特数量成指数级增长	算力线性增长
非常适合线路优化、数据分析和各类模拟等任务 对于如密码破译等**大数质因数分解**问题，量子计算机(Shor算法)只需1s	只能单线执行任务 对于如密码破译等**大数质因数分解问题**，经典计算机往往需要花上万年的时间

图 2-12 量子计算机和经典计算机对比

1 硬件

量子计算机的分类主要基于不同的量子物理系统实现方式，例如技术路线包括超导电路、离子阱、光量子和中性原子等，这四个技术路线在量子计算机硬件发展中相对成熟。同时，还存在其他具备发展潜力的技术路线，例如固体自旋、半导体量子点、拓扑材料等。由于量子计算技术仍未收敛，还有一些其他的技术路线具备发展潜力，各技术路线均有不同方面的优势，本文主要介绍四种发展程度相对较高的技术路线。

超导电路是基于约瑟夫森结和其他超导元件构建的非线性量子谐振电路。它们可根据电荷、相位、磁通等自由度编码量子信息，并包括多种基本与复合类型。其中，Transmon 及其变体是当前主流类型之一，此外还有如磁通量子比特、Fluxonium 等常见类型。这些超导量子比特因其制造精度高和易于集成等特点，被广泛研究和应用。超导量子计算机如图 2-13 所示。

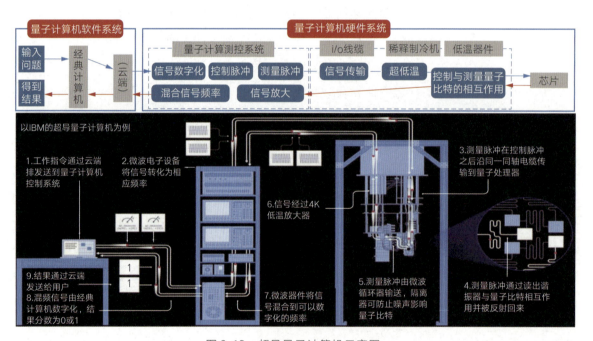

图 2-13　超导量子计算机示意图

离子阱量子计算技术使用囚禁在射频电场中的离子作为量子比特的载体。这些离子通过激光或微波的精确操控，实现量子信息的编码和处理。离子量子比特的独特之处在于其稳定性和一致性，这些性质主要取决于离子的种类和周围的磁场环境。这种技术与其他基于人造材料（如超导或量子点）的量子比特相比，因其一致性和高度稳定性而备受关注。离子阱量子计算机如图 2-14 所示。

图 2-14　离子阱量子计算机示意图

光量子信息技术路线利用光子的多种自由度（如偏振、相位和时间位置）进行量子态编码和量子比特构建。光量子系统具有抗退相干性、单比特操作的简单精确性，以及提供分布式接口的能力。这种计算模式可以利用光子的多个自由度进行编码，并且可以分为专用和通用的量子计算模型。光量子计算机如图 2-15 所示。

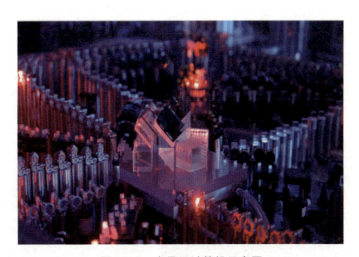

图 2-15　光量子计算机示意图

中性原子量子计算技术使用激光冷却和囚禁技术，在光阱中形成中性原子阵列。这种技术以单个原子的内部态能级编码量子信息，并通过微波或光学跃迁实现其操作。利用里德堡阻塞效应或自旋交换碰撞，实现多比特操作。中性原子系统因与环境的耦合弱、量子比特相干时间长、相邻原子间距离适中且易于独立操控，因此串扰低，且具有良好的可扩展性。中性原子量子计算机如图 2-16 所示。

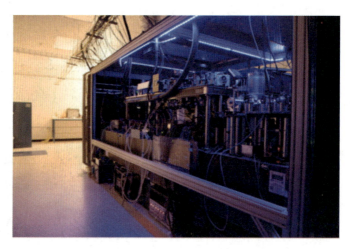

图 2-16　中性原子量子计算机示意图

量子计算概念最早于 1982 年由美国物理学家费曼（Feynman）提出，在肖尔（Shor）和格罗夫（Grover）发明了以其名字命名的量子算法后，量子计算机进入快速发展期，由于目前相对成熟的技术路线是超导、离子阱、光量子和中性原子，且近些年量子计算处于发展早期，较多成就体现在硬件系统领域，因此主要介绍上述四种技术路线。目前国内外量子计算技术路线相关进展如表 2-12 所示。

表 2-12　国内外量子计算技术路线相关进展

技术路线	时间	国家	机构	核心技术	进展 / 效果
超导	2021 年	中国	中国科学技术大学	66 量子比特可编程超导量子计算原型机"祖冲之号"	利用其中的 56 量子比特完成了"量子计算优越性"展示[43]
	2023 年	中国	深圳量子研究院	利用具有定制频率梳的脉冲来操控辅助量子比特	提高了量子纠错的效率，超过了纠错盈亏平衡点约 16%[44]
	2023 年	美国	IBM	1121 量子比特的 Condor、133 量子比特可扩展芯片 Heron	实现了可扩展的超级计算架构[45]
离子阱	2021 年	美国	IonQ	首个可重构多核量子架构（RMQA）	为将量子比特数增加到三位数以及并行多核量子处理奠定基础[46]
	2023 年	美国	Quantinuum	System Model H1-1	达成 2^{19}（524288）量子体积的新记录[47]
	2023 年	美国	IonQ	新增了 25 个算法量子比特的 Aria 系统	作为 AWS 提供的量子计算服务的后端设备支持[48]

续表

技术路线	时间	国家	机构	核心技术	进展 / 效果
光量子	2021 年	中国	中国科学技术大学	九章 2.0	113 个光子数，速度相比九章 1.0 提升了 9 个数量级 [49]
	2022 年	加拿大	Xanadu	Borealis 的 216 量子比特光量子计算机	展示了量子计算优越性 [50]
	2023 年	中国	中国科学技术大学	成功构建 255 个光子的 "九章三号"	高斯玻色采样速度比全球最快的超级计算机快一亿亿倍 [51]
中性原子	2022 年	美国	Atom Computing	中性原子量子计算机 Phoenix	相干时间超过操作时间 10 万倍，为 $40 \pm 7s$ [52]
	2022 年	中国	中科酷原	新型的非共振调制脉冲技术	两比特门操控保真度提高到 0.98 [53]
	2023 年	美国	QuEra	基于编码逻辑量子比特可编程量子处理器	纠缠了史上最大的逻辑量子比特，展示了 7 的代码距离 [54]

2　算法与软件

　　量子计算算法和软件是实现量子计算机高效运作的关键。不同于经典计算机算法，量子算法基于量子力学的原理，利用量子比特进行运算。这些量子位能够同时处于多种状态（量子叠加），并通过量子纠缠实现信息间的非经典关联，从而在理论上为某些特定类型的问题提供超越传统计算机的处理速度。

　　量子算法包括 Shor、Grover、HHL、QSVM、VQE、QAOA 等，其中，影响力较大的两个算法是 Shor 算法和 Grover 算法。Shor 算法用于分解大质数。它在量子计算机上的实现，能在多项式时间内解决这一问题，而在经典计算机上这一过程是非常耗时的。Grover 算法用于在无序数据库中进行搜索，其运行时间复杂度大约是经典算法的平方根，对于大数据集的搜索问题显著加快了处理速度。

　　量子软件则是使得这些算法能够在量子硬件上运行的工具和程序。这些软件通常包括量子编程语言、开发工具包、模拟器和应用程序接口。它们使得研究人员和开发者能够设计、模拟和测试量子算法及其在实际量子计算机上的实现。目前流行的量子软件工具包括 IBM 的 Qiskit、Google 的 Cirq、Microsoft 的 Quantum Development Kit 等。

目前国内外量子软件算法相关进展如表 2-13 所示。

表 2-13　国内外量子软件算法相关进展

分类	时间	国家	机构	核心技术	进展／效果
软件	2023 年	美国	英特尔	发布量子软件开发工具包（SDK）1.0 版	开发人员可以与量子计算堆栈对接[55]
	2023 年	中国	华为	发布量子模拟器 mqvector，GPU 模拟器 mqvector_gpu	支持更多量子门，方便用户开发新量子算法[56]
	2023 年	中国	本源量子	操作系统 PilotOS 上线	可以直接进行本地量子计算编程[57]
算法	2022 年	美国	美国能源部	新的量子算法，用于计算化学反应过程中特定构型的分子的最低能量	新算法将显著提高计算反应分子中势能面的能力[58]
	2023 年	美国	Quantinuum	新的张量网络算法	优化了绝热量子计算的关键组成部分（量子电路）[59]
	2023 年	中国	腾讯量子实验室	改进酉矩阵合成的量子电路	量子电路复杂性方面得到了渐近最优的深度和大小[60]

2.3　发展现状

2.3.1　产业现状

在量子产业发展初期，部分单位业务涉及产业链多个环节，因此，其单位名称可能在多处出现。一些组织机构在多个统计子领域均有出现，此处的数据统计均经过去重。

根据对产业链链上单位情况的收集整理，可以得知产业链雏形已有，但目前服务科研的上游设备还占较高比重。随着产业化进程不断推进，还将发展出新的上游环节，产业结构也会随之调整。

量子通信与安全领域，收录重点单位 240 家，包括上游 122 家，供应商所在国最多的 3 个国家是中国（55 家）、美国（21 家）、日本（10 家）；中游 94 家，供应商所在国最多的 3 个国家是中国（40 家）、美国（16 家）、英国（6 家）；下游 39 家，供应商所在国最多的 3 个国家是中国（24 家）、美国（6家）、日本（3家）。

量子计算领域，收录重点单位275家，包括上游170家，供应商所在国最多的3个国家是美国（39家）、中国（32家）、日本（6家）；中游84家，供应商所在国最多的3个国家是中国（34家）、美国（28家）、加拿大（7家）；下游21家，供应商所在国最多的3个国家是美国（11家）、中国（6家）、德国（3家）。

量子精密测量领域，收录重点单位145家，包括上游70家，供应商所在国最多的3个国家是中国（25家）、美国（18家）、德国（8家）；中游60家，供应商所在国最多的3个国家是中国（40家）、美国（11家）、法国（5家）；下游15家，供应商所在国最多的3个国家是中国（13家）、美国（1家）、英国（1家）。

根据上述结果，中国量子产业链的自主完备性方面，上游主要环节已有中国企业的身影，但从产品角度来看，一些产品还与国际细分市场占有率高的产品相比有所差距；中游方面，由于是新兴产业，大部分与国外发展齐头并进；下游方面，中国研究机构与行业应用方的合作较少，并且与广泛的不同行业的大型企业合作较少。量子信息技术上游、中游、下游产业链图谱分别如图2-17~图2-19所示。

（1）量子测量。

上游方面。整体来看，与光学相关的部分，我国自主能力较强，但是高端设备仍有进口，未来仍然以支持国产自主研发能力为重点；材料方面，主要是核工业相关单位具有量子传感材料制造生成能力；部分上游供应商与量子通信与安全产业和量子计算产业相同，这是因为他们在物理层面均需要对量子态进行镜子调控，具有相同或近似的技术路线，因此可能采用同一供应商产品。

中游方面。时钟方面，微波原子钟在我国已较为成熟，但是产能有限；光钟在全球仍处于实验室阶段；CPT原子钟和芯片级原子钟已商业化，并且有越来越多的初创公司出现并具有供应能力；原子磁力仪处于转化应用阶段；里德堡原子测量正在从实验室验证走向应用场景验证阶段；金刚石NV色心传感（磁场、压力、温度、电场）测量处于应用场景探索验证阶段；重力仪、重力梯度仪已在实际应用场景有所使用，但覆盖量较小。

下游方面。除了原子钟的应用较为普遍，其他的领域，国内与国外相比，在应用合作推广方面有所差距，欠缺与广泛的下游行业应用和场景结

图 2-17　量子信息技术上游产业链图谱

图 2-18　量子信息技术中游产业链图谱

图 2-19　量子信息技术下游产业链图谱

合，共同研发。

（2）量子通信。

上游方面。各主要环节是相对成熟的行业，其供应商主要是各领域发展较好、市场占有率较高、产品性能较好、产品较高端的公司。量子随机数发生器是近些年发展较快的量子信息技术产品，该产品技术门槛相对较低，成本也在持续降低，对现有随机数产品有替代趋势，市场前景明朗，因此吸引了一批初创量子信息技术公司投入其中。对于中国来说，在当前国际局势下，国产化是产业链的重点关注，在此基础上，进行产品性能指标迭代和材料升级，以及集成能力升级，完成更为全面的自主可控。在芯片方面，FPGA 的国产替代还有较大空间，而未来专用 SoC（系统级芯片）产品也有可能取代 FPGA。

中游方面。国内 QKD 及相关技术和产品在全球较为领先，但 PQC 技术方面与美欧等国家还有一定的差异。在此情况下，我国仍然需要紧跟 PQC 技术进展，避免在此方面丧失话语权。继续对 QKD+PQC 的融合技术展开研究，以实现信息的抗量子计算安全（量子安全）为目标导向，不断提升综合技术解决方案。QKD 技术虽已实现产业化，但技术仍然存在上升空间，每年都有新的科研领域突破，因此，产品仍然跟随科研成果，不断迭代。阶段性的制定和发布相关行业标准，是必然发展趋势。在系统安全能力验证方面，无论是 QKD 还是 PQC，都需要通过攻防研究不断改进和提升。

下游方面。随着量子计算机算力的提升，行业应用的广度和深度将会不断增加，在量子计算机具备破译当前密码体系的时候，下游规模预计会激增。未来将按信息安全要求的不同等级，对相关单位和行业甚至个人，进行有节奏的试点和扩大应用推进。

（3）量子计算。

在上游领域，国内团队逐渐展开脉管制冷机等方面的工程化实践，为推动国产仪器设备的创新与迭代提供了契机。当前的紧迫任务是加强上下游供应商之间的资源对接，建立平台以促进国产设备的广泛应用，例如推动稀释制冷机等朝着大体积、可扩展、低震动、高冷量等方向发展。真空系统的进一步发展追求更高效的分子泵和更高真空度，强调对分子泵的深入研究和专利保护的重要性。在测控系统方面，不仅要提升硬件性能，还需大幅增强可扩展性，将低温芯片化作为未来发展的关键趋势之一。对于激光器和探测器，需关注频率稳定性、工作波段拓展、器件寿命等关键指标，以提升国内产品在激烈市场竞争中的地位。

中游领域呈现多种技术路线尚未收敛的状况，当前超导技术的产业化比较突出。在软件算法方面，在中等规模含噪声量子计算阶段，系统软件和量子优化、模拟算法将成为主要发展方向。紧密与下游应用的合作将是必要的，以深入了解实际需求，优化算法以适应不同领域的应用场景，并强调用户体验，将量子计算的潜在优势转化为实际应用中的效果和效率提升。

在下游领域，云平台是目前给用户提供量子计算服务最受认可的方式，将发挥越来越大的作用，支持更多的量子应用，例如科学计算等。未来 2~3 年，随着量子优化和量子模拟技术的发展，生物医药、金融等行业有望迎来一定的应用。推动与不同下游行业的合作，并充分发挥 AI/ 大模型与量子计算领域的相互促进作用，实现资源的整合与"量超融合"的计算优势。这一系列发展趋势将有力地助推中国量子计算产业的不断壮大。

2.3.2 应用现状

1 量子测量

（1）国防。

2023 年 2 月，美国 QCI 公司支持宣布获得 SSAI 的分包合同，以支持 NASA 测试其专有的量子光子系统，该系统用于远程感应应用，以监测气候变化，如测量不同类型积雪的物理特性，包括密度、颗粒大小和深度等。

2023 年 2 月，美国空军研究实验室正在为美国太空军和其他军队进行下一代量子原子钟、量子传感器和组件技术的研究和开发。该原子钟无论是尺寸、重量和功率相比上一代都更低[61]。

2023 年 5 月，英国伦敦帝国理工学院与英国皇家海军合作使用超冷原子进行加速度的测量，有潜力在无全球定位系统（GPS）和全球导航卫星系统（GNSS）的环境中提供高精度的位置数据[62]。

2023 年 7 月，澳大利亚 Q-CTRL 得到澳大利亚国防部研究中心项目的支持，未来将交付用于空天的量子重力仪，预测甚至预防干旱或采矿活动对水资源和农业影响[63]。

2023 年 12 月，美国 Rydberg 公司宣布推出其低尺寸、重量和电力的里德堡原子接收器，并在最近的美国陆军作战能力发展司令部 C5ISR 中心网络现代化实验 2023（NetModX23）活动上成功演示了世界上第一个使用原子量子传感器的远程无线电通信和情报技术[64]。

（2）医疗健康。

2022 年 12 月，芬兰 MEGIN 公司最新一代配备氦气回收和最新一代磁传感器的 MEGIN TRIUX ™ neo 系统在瑞士日内瓦交付，安装调试后被用于提供大脑活动精确且完整的图像[65]。

2023 年 1 月，北京自控设备研究所量子信息技术研发中心与斯图加特大学合作，演示通过设置使用肌肉模型进行模拟动作电位信号检测，以及 NV 磁力计在非屏蔽生物磁场测量磁尿图和肌磁图中的潜在应用[66]。

2023 年 4 月，美国 Genetesis 公司心电磁图设备（CardioFlux MCG）获得突破性设备认证，可用于以识别可能患有冠状微血管疾病的患者中的心肌缺血。

2023 年 6 月，北京未磁科技公司 64 通道无液氦心磁图仪落地北京安贞医院，并举行了中国医学装备协会"心磁图装备技术与临床应用培训基地"挂牌揭幕仪式及签约仪式[67]。

（3）能源环保。

2023 年 10 月，美国 Adtran Oscilloquartz 公司采用卫星时间和定位技术的新同步解决方案，以解决 GPS 和其他 GNSS 系统日益受到干扰和欺骗攻击的漏洞，可服务于智能电网等行业[68]。

2023 年 12 月美国德克萨斯大学奥斯汀分校于 NASA 合作开发光子集成电路（PIC），以探测来自太空的地球引力的微小变化。该设备使用许多激光和光学器件来冷却和捕获原子，以极高的灵敏度测量重力梯度[69]。

2023 年 12 月，美国 QLM 与 Severn Trent Water 合作，帮助其部署 QLM 的量子气体激光雷达来监测甲烷排放。试验的图像尽管没有出现甲烷浓度的热点，但敞口污水箱的扩散排放仍能够量化其精确流量[70]。

2023 年 1 月，美国 Infleqtion 与 World View 合作，从近地到大气边缘的操作相关环境中测试推动量子和平流层探索领域的下一代射频传感技术[71]。

（4）导航定位。

2023 年 6 月，美国 Microsemi 公司发布新一代铯原子钟，可帮助美国的空中交通管制利用广播自动相关监视和广域多点定位来精确定位飞机在全国空域的位置[72]。

2023 年 10 月，美国 Adtran Oscilloquartz 利用低地球轨道卫星作为独特的时间源，不仅提供了 GNSS 的有效替代方案，而且还增强了 GNSS 的可靠性和安全性。这种双源方法符合零信任原则 [73]。

2023 年 10 月，德国铁路公司利用美国 Adtran Oscilloquartz 的光学铯原子钟技术为其全国铁路网络带来精确计时。增强型主参考时钟解决方案将使德国铁路能够在整个网络中实施预测性维护和其他技术进步 [74]。

（5）科学研究。

2023 年 5 月，法国 iXblue 的冷原子绝对重力仪将在 CARIOQA-PMP（用于量子加速测量的冷原子铷干涉仪在轨 – 探路者任务准备）中，用于研究基于卫星的地球质量分布变化观测，例如冰川融化或地下水流失，可以实现基于量子传感器的太空任务的独立开发和操作，协助完成一系列相关实验 [75]。

2023 年 8 月，瑞士 Qzabre 量子扫描 NV 显微镜已安装在印度马德拉斯理工学院，可以提供表面磁场、电流和电场的定量数据，具有纳米分辨率和高灵敏度 [76]。

2023 年 9 月，美国 Adtran Oscilloquartz 公司对其最新的 OSA 3300-HP 高性能光学铯原子钟进行了为期 3 个月的评估，结果其性能远远超出了产品规格。该技术对于天文研究将产生重要作用 [77]。

2023 年 10 月，美国 QCI 公司与俄克拉荷马州立大学合作，利用量子增强雷达，模拟全球排雷工作所经历的条件与环境中验证包含 143 种不同物品的综合领域，包括地雷、子弹、未爆炸弹药和简易爆炸装置等 [78]。

2 量子通信

（1）国防。

2022 年 7 月，美国政府选择了 QuSecure 公司的 QuProtect 解决方案来保护美国空军、美国太空军和北美航空航天防御司令部使用的遗留系统中的加密通信数据。

2023 年 6 月，美国陆军授予 QuSecure 公司一项小型企业创新研究（SBIR）第二阶段的联邦政府合同，以开发量子弹性软件解决方案，确保敏感的军事数据和通信保持安全。通过采用 QuSecure 的 PQC 解决方案，保护美国陆军在行动、数据等方面的安全。

2023 年 6 月，SandboxAQ 企业获得美国国防信息系统局提供的合同，提供端到端的 PQC 管理解决方案 [79]。

2023 年 6 月，法国投资总秘书处（The General Secretariat for Investment,

SGPI）与德国安全技术公司 HENSOLDT 签订 PQC 项目合同，该合同基于法国 2030 国家量子战略框架。通过其 X7-PQC 项目，HENSOLDT 计划开发一种突破性的 PQC，能够抵御涉及量子计算机的网络攻击[80]。

（2）金融。

2023 年 5 月，汇丰银行与 Quantinuum 签署一系列探索性项目，此次合作的目标是利用量子计算的力量来增强加密密钥，同时将其与 PQC 算法相集成[81]。

2023 年 7 月，汇丰银行在其位于金丝雀码头（Canary Wharf）的全球总部和 62km 外的伯克希尔（Berkshire）数据中心之间，通过光纤电缆试验测试数据的量子安全传输。汇丰银行是首家加入英国电信和东芝量子安全城域网络的银行，该网络使用 QKD 连接两个英国站点[82]。

2023 年 12 月，汇丰银行使用 QKD 的加密形式保护了其专有平台 HSBC AI Markets 上的一笔交易，将 3000 万欧元兑换成了美元[83]。

（3）通信。

2023 年 2 月，法国泰雷兹（Thales）在其移动安全应用和 5G SIM 卡中采用混合加密技术，为移动通信领域引入了 PQC 算法通信[84]。

2023 年 3 月，美国 QuSecure 推出首个具有量子弹性的实时端到端卫星加密通信链路，这也是美国卫星数据传输首次采用 PQC 来抵御经典和量子解密攻击。QuSecure 的量子弹性加密通信链路可以使任何联邦政府和商业组织都通过太空进行实时、安全、经典和量子安全的通信和数据传输。所有这些通信均受到 QuSecure 的量子安全层（Quantum Secure Layer，QSL）的保护，通过 PQC 网络安全保护传输中的所有数据[85]。

2023 年 3 月，QuSecure 与爱尔兰埃森哲（Accenture）公司合作开发并测试 PQC 保护的多轨道量子弹性卫星通信能力，这有效地结合了低地球轨道卫星和地球同步赤道轨道卫星的优势，实现了数据在太空和地球之间的传输[86]。

2023 年 6 月，韩国 SK Telecom 与 IDQ、三星电子合作发布 Galaxy Quantum 4 量子通信手机，该手机搭载 ORNG 芯片[87]。

2023 年 8 月，谷歌 Chrome 在其最新版本（版本 116）中推出了一个量子混合密钥协商机制，添加了抗量子攻击的 X25519Kyber768 算法[88]。

2023 年 8 月，国盾量子推出安全邮件产品——国盾密邮，采用"一次一密"的密钥分发技术，结合高强度国密算法，为用户提供端到端的邮件安

全收发服务 [89]。

（4）移动终端。

2023 年 5 月，中国电信发布支持量子密话的天翼铂顿 10 和天翼铂顿 S9 手机终端，其中天翼铂顿 S9 是搭载天通卫星通信芯片的 5G 卫星双模手机 [90]。

2023 年 6 月，韩国 SKT 与 IDQ、三星电子合作发布"Galaxy Quantum 4"量子通信手机，该手机搭载 QRNG 芯片 [91]。

2023 年 11 月，中国电信与华为合作发布的 Mate60 Pro 手机终端提供量子密话定制功能 [92]。

3 量子计算

（1）金融。

2022 年 7 月，本源量子推出了量子金融衍生品定价库。它是国内首个面向程序开发者和金融专业人士的专业量子金融算法库，专门适用于分析期权等金融衍生品定价的开发者工具，包含复杂的奇异期权（亚式期权、一篮子期权以及障碍期权），是基于量子计算技术进行金融衍生品分析的一个行业利器 [93]。

2023 年 4 月，安永（EY）全球服务有限公司宣布加入 IBM 量子网络，进一步使安永团队能够与 IBM 一起探索解决方案，以帮助解决当今最重要的一些问题复杂的金融业务和全球挑战。EY 组织将通过云端访问 IBM 的量子计算机群，并将成为 IBM Quantum Network 致力于推进量子计算的组织社区的一部分 [94]。

（2）国防。

2021 年 4 月，美国空军研究实验室和美国 QC Ware 公司合作，探索将 QCWare 专有的 q-means 量子算法应用于识别无人驾驶飞机的飞行模式，项目第一阶段将专注于构建软件，第二阶段将重点评估算法的性能。该项目的目的是推动量子科技的军事应用，从而保障美国空军和太空部队的先进性 [95]。

2023 年 2 月，以色列航空航天工业公司（IAI）与美国国防相关机构的合作，以寻求开发面向未来的技术。政府间关于技术合作的讨论包括战斗系统中的量子计算、动能杀伤弹道拦截系统、高超音速武器防御、机器人技术等 [96]。

2023 年 5 月，瑞士量子信息技术公司 Terra Quantum 与法国泰雷兹

（Thales）应用混合量子计算，通过加强卫星任务规划过程，展示了改善卫星运行效用的巨大价值创造潜力。如果该混合计算原型应用于目前在轨的所有地球观测卫星，每年可创造 5 亿美元的价值 [97]。

2023 年 5 月，美国 Zapata Computing 宣布，它已与 L3Harris 和其他几位行业领导者一起向美国国防高级研究项目局提供了 30 个量子计算挑战方案。这些场景将有助于确定国防领域的潜在量子计算优势 [98]。

（3）生物医药。

2022 年 1 月，美国量子计算药物设计公司 Polaris Quantum Biotech 与英国生物制药公司 PhoreMost Limited 合作，借助 POLARISqb Tachyon 量子计算平台扫描来自大型化学空间的数十亿个分子，根据从 PhoreMost 的 SITESEEKER 表型筛选平台获得的信息合力寻找新的分子药物 [99]。

2023 年 10 月，之江实验室、中国科学技术大学、伦敦帝国理工学院团队开发了通用可编程的高斯玻色取样 GBS 光子量子处理器成功地执行了在个 32 节点寻找最大团的任务，并且与经典取样方法，实现了大约两倍的成功概率。作为概念验证，这个高斯玻色取样 GBS 光子量子处理器还实现了通用的量子药物发现平台，实现了分子对接和 RNA 折叠预测任务 [100]。

（4）新材料设计。

2021 年 2 月，德国启动了一个为期两年的名为 QuESt 的项目，德国航空航天中心（DLR）和弗劳恩霍夫材料力学研究所（IWM）正在使用量子计算机研究用于更强大电池和燃料电池的新材料 [101]。

2021 年 7 月，本源量子推出了量子化学应用 ChemiQ 正式版。适配量子虚拟机和量子计算机（硅自旋量子计算机），能够可视化构建分子模型、快速模拟基态能量、扫描势能面、研究化学反应，最终以图形化形式展示量子计算结果。10 月，该公司发布量子化学软件 ChemiQ 国际版，面向全球新材料等行业用户提供量子计算化学的中国解决方案 [102]。

2022 年 1 月，IonQ 与现代汽车正式宣布合作，共同致力于在量子计算机上开发电池化学模型，以提高电动汽车锂电池的性能、成本和安全性 [103]。

（5）能源环保。

德国能源巨头意昂集团（E.ON）与 IBM 合作，运用 IBM 的 Qiskit 软件和量子算法，成功优化了可再生能源的输送问题，旨在减少碳排放和运营成本 [104]。

2023 年 7 月，美国国家可再生能源实验室（NREL）则与 RTDS

Technologies 和 Atom Computing 公司合作，开发了量子计算机与电网设备间的接口，通过量子近似优化算法（QAOA）解决电力分配问题。这些合作案例不仅证明了量子计算在解决复杂能源问题中的有效性，也为未来电力系统的优化和可持续发展开辟了新路径[105]。

2.3.3 技术标准现状

1 标委会现状

国际电工委员会（IEC）和国际标准化组织（ISO）于 2024 年 1 月联合成立了量子技术联合技术委员会（IEC/ISO JTC 3）（量子技术），主要工作范围是制定量子计算、量子模拟、量子源、量子计量学、量子探测器和量子通信等量子技术领域的标准，目前尚未公布其在量子测量领域的标准计划。ISO/IEC JTC1 在 2018 年成立了两个量子计算研究组，即 SG2 和 SC7/SG1。在 2019 年转为量子计算咨询组，进行前沿讨论和预研。

欧洲标准化委员会（CEN）和欧洲电工标准化委员会（CENELEC）于 2023 年 3 月成立了量子技术联合技术委员会（JTC 22 QT），这是世界上第一个全面研究量子技术的标准化委员会，它以制定的路线图为基础，全面推进量子计算领域的各类相关标准制定工作。2023 年 3 月，JTC 22 QT 发布了德国国家标准化组织（DIN）牵头的全球首个面向量子信息技术领域的标准路线图，旨在引导量子信息技术领域的标准化工作。这个量子信息技术综合标准化路线图为欧洲的量子计算、量子通信、量子测量等领域提供了一个全面的视野。

美国国家科学和技术委员会（NSTC）的量子信息科学小组委员会（SCQIS）在推动量子测量标准计划方面已经取得了一些进展。2022 年 4 月，SCQIS 发布了一份名为《将量子传感器付诸实践》的报告，旨在通过扩展量子信息科学（QIS）国家战略概述中的政策主题，推动量子传感器的发展与应用。

欧洲和国际标委会组织如图 2-20 所示。

在国内，全国量子计算与测量标准化技术委员会（TC 578）主要负责全国量子计算与测量领域标准化技术的归口工作。其工作范围包括量子计算与测量术语和分类、量子计算与测量硬件、量子计算与测量软件、体系结构、应用平台等技术领域的标准化工作。中国通信标准协会（CCSA）和密码行

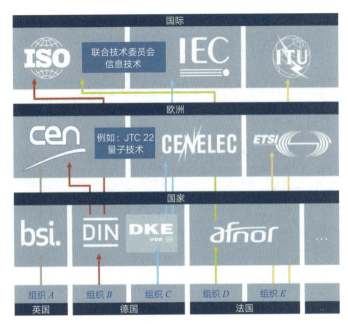

图 2-20 欧洲和国际标委会组织

业技术标准化委员会（CSTC）开展了量子通信方面的标准化研究并取得阶段性进展。2020 年，中国成员在 JTC1 中推动了 WG14 量子计算工作组的成立（后更名为量子信息工作组），该工作组已立项量子计算技术术语和词汇标准项目（已进入 DIS 投票阶段），以及预研项目如量子计算服务平台参考框架、量子机器学习数据集等方面的研究。

2 标准现状

（1）量子测量。TC 578 近年来组织开展了多项具有基础共性的量子测量和计量等技术的标准化研究，在量子重力测量、惯性测量、时频基准等方面，初步形成标准工作体系化布局。正在牵头起草《量子测量术语》《基于氮—空位色心的微弱静磁场成像测量方法》《量子测量中里德堡原子制备方法》《光钟性能表征及测量方法》《原子重力仪性能评估方法》和《单光子源特性表征及测量方法》等量子测量相关的国家标准计划，如表 2-14 所示。

表 2-14 TC 578 起草的量子测量标准

序号	标准类型	标准项目	状态
1	国家标准	精密光频测量中光学频率梳性能参数测试方法	已发布
2	国家标准	量子测量术语	发布

续表

序号	标准类型	标准项目	状态
3	国家标准	量子测量中里德堡原子制备方法	已发布
4	国家标准	光钟性能表征及测量方法	已发布
5	国家标准	原子重力仪性能要求和测试方法	已发布
6	国家标准	单光子源性能表征及测量方法	已发布
7	国家标准	基于氮一空位色心的微弱静磁场成像测量方法	起草
8	国家标准	器件无关量子随机数产生器通用要求	起草

此外，全国北斗卫星导航标准化技术委员会（SAC/TC 544）在 2020 年发布了国家标准 GB/T 39724—2020《铯原子钟技术要求及测试方法》，该标准是目前唯一一个原子钟领域的国家标准。JJG 1004《氢原子频率标准》、JJG 492《铯原子频率标准》、JJG 292《铷原子频率标准》、JJF 1956《氢原子频率标准校准规范》、JJF 1958《铯原子频率标准校准规范》、JJF 1957《铷原子频率标准校准规范》等计量技术规范性文件也先后在国内发布实施，促进原子钟在各个行业中的应用和推广。

（2）量子通信。国际电信联盟电信标准化部门（ITU-T）从 2018 年开始对 QKD 进行标准研究和制定工作。其下 SG11（协议和测试规范组）、SG13（未来网络组）和 SG17（安全组）工作组已开展有关 QKD 网络、安全性、接口协议方面的 40 余个工作项目。目前，ITU-T 工作组发布或通过的国际标准及技术报告已有 20 余项。ISO/IEC 持续开展 QKD 系统安全性要求和测试评估方法两项标准研究，ISO/IEC 23837-1《量子密钥分发的安全要求、测试和评估方法 部分 1：要求》、ISO/IEC 23837-2《量子密钥分发的安全要求、测试和评估方法 部分 2：测试和评估方法》两项标准目前已完成 DIS 投票，正式进入标准起草阶段。

ETSI 早在 2008 年即成立 QKD 行业规范组（ISG-QKD），到 2018 年的 10 年间起草 QKD 用例、应用接口、光学组件特性等 6 项规范；2019 年，ETSI 加速标准化工作，发布了 QKD 术语、部署参数、密钥传递接口等规范或研究报告。ETSI 已陆续开展 10 余项标准研制工作。

CCSA ST7 围绕量子通信的术语定义、业务与系统、网络技术、安全性、量子信息处理底层器件等方面构建了完整的标准体系框架，陆续开展了 60 余项量子通信标准研制工作。

CSTC 组织开展 10 余项量子通信相关标准研制工作，包括 QKD 技术规范、系统测评、应用接口、中继安全性等。2021 年 10 月，CSTC 归口制定的国内首批量子通信相关密码行业标准《诱骗态 BB84 量子密钥分配产品技术规范》和《诱骗态 BB84 量子密钥分配产品检测规范》发布。

国际电信联盟电信标准化部门（ITU-T）SG17 于 2019 年发布了《X.1702-Quantum noise random number generator architecture》。密码行业技术标准化委员会（CSTC）2021 年立项了《量子随机数发生器测评规范》，制定的标准 GM/T 0103—2021《随机数发生器总体框架》已于 2022 年 5 月 1 日实施。中国通信标准协会（CCSA）制定的 YD/T 3907.3—2021《基于 BB84 协议的量子密钥分发（QKD）用关键器件和模块　第 3 部分：量子随机数发生器（QRNG）》已于 2021 年 7 月 1 日实施。

近年来，电力领域也开展量子保密通信的应用标准制定。电力领域信息标准化技术委员会（DL/TC 27）于 2021 年发布 DL/T 2399—2021《电力量子保密通信系统密钥交互接口技术规范》。中国电机工程学会发布了团体标准《电力量子保密通信系统　第 2 部分：VPN 网关设备》和《电力量子保密通信系统　第 3 部分：网络工程验收》。

目前已发布量子通信相关标准如表 2-15 所示。

表 2-15　国内外已发布量子通信标准

序号	名称	标准类型	标准组织 / 工作组	标准号 / 状态
1	Security requirements，test and evaluation methods for quantum key distribution — Part 1: Requirements	国际标准	ISO/IEC JTC 1/SC 27/WG3	ISO/IEC 23837-1:2023
2	Security requirements，test and evaluation methods for quantum key distribution — Part 2: Evaluation and testing methods	国际标准	ISO/IEC JTC 1/SC 27/WG3	ISO/IEC 23837-2: 2023
3	Security Requirements for QKD Networks - Key Management	国际标准	ITU-T SG17	ITU-T X.1712
4	Quantum noise random number generator architecture	国际标准	ITU-T SG17	ITU-T X.1702
5	Overview on networks supporting quantum key distribution	国际标准	ITU-T SG13	ITU-T Y.3800
6	Functional requirements for quantum key distribution networks	国际标准	ITU-T SG13	ITU-T Y.3801

序号	名称	标准类型	标准组织／工作组	标准号／状态
7	Quantum key distribution networks - Functional architecture	国际标准	ITU-T SG13	ITU-T Y.3802
8	Quantum key distribution networks - Key management	国际标准	ITU-T SG13	ITU-T Y.3803
9	Quantum key distribution networks - Control and management	国际标准	ITU-T SG13	ITU-T Y.3804
10	Quantum key distribution networks - Software-defined networking control	国际标准	ITU-T SG13	ITU-T Y.3805
11	Quantum information technology for networks terminology: Quantum key distribution network	国际标准预研	FG-QIT4N-WG2	ITU-T FG QIT4N D2.1
12	Quantum key distribution network protocols: Quantum layer	国际标准预研	FG-QIT4N-WG2	ITU-T FG QIT4N D2.3-1
13	Quantum key distribution network protocols: Key management layer, QKDN control layer and QKDN management layer	国际标准预研	FG-QIT4N-WG2	ITU-T FG QIT4N D2.3-2
14	Quantum key distribution network transport technologies	国际标准预研	FG-QIT4N-WG2	ITU-T FG QIT4N D2.4
15	量子保密通信应用基本要求	国家标准	CCSA	GB/T 42829—2023
16	诱骗态 BB84 量子密钥分配产品技术规范	行业标准	密标委	GM/T 0108—2021
17	诱骗态 BB84 量子密钥分配产品检测规范	行业标准	密标委	GM/T 0114—2021
18	基于 BB84 协议的量子密钥分发（QKD）用关键器件和模块 第 1 部分：光源	行业标准	CCSA	YD/T 3907.1—2022
19	基于 BB84 协议的量子密钥分发（QKD）用关键器件和模块 第 2 部分：单光子探测器	行业标准	CCSA	YD/T 3907.2—2022
20	基于 BB84 协议的量子密钥分发（QKD）用关键器件和模块 第 3 部分：量子随机数发生器	行业标准	CCSA	YD/T 3907.3—2021
21	量子密钥分发（QKD）系统技术要求 第 1 部分：基于诱骗态 BB84 协议的 QKD 系统	行业标准	CCSA	YD/T 3834.1—2021
22	量子密钥分发（QKD）系统测试方法 第 1 部分：基于诱骗态 BB84 协议的 QKD 系统	行业标准	CCSA	YD/T 3835.1—2021

续表

序号	名称	标准类型	标准组织 / 工作组	标准号 / 状态
23	量子保密通信网络架构	行业标准	CCSA	YD/T 4301—2023
24	量子密钥分发（QKD）网络 网络管理系统技术要求 第 1 部分：网络管理系统（NMS）功能	行业标准	CCSA	YD/T 4302.1—2023
25	基于 IPSec 协议的量子保密通信应用设备技术规范	行业标准	CCSA	YD/T 4303—2023
26	量子密钥分发（QKD）网络 Ak 接口技术要求 第 1 部分：应用程序接口（API）	行业标准	CCSA	YD/T 4410.1—2023
27	量子密钥分发（QKD）系统技术要求 第 2 部分：基于高斯调制相干态协议的 QKD 系统	行业标准	CCSA	YD/T 3834.2—2023
28	支持量子波道的 WDM 系统技术要求	团体标准	CCSA	T/CCSA 397—2022
29	电力量子保密通信系统 第 2 部分：VPN 网关设备	团体标准		T/CSEE 0087.2—2018
30	电力量子保密通信系统 第 3 部分：网络工程验收	团体标准		T/CSEE 0087.3—2018
31	电力量子保密通信系统密钥交互接口技术规范	行业标准		DL/T 2399—2021

（3）量子计算。IEEE 在 2018 年首次启动两个项目，即 P7130 和 P7131，以研究量子计算定义和性能基准评价指标。近年来，IEEE 在量子计算标准化布局和推进上加速了进展。目前，有 8 个量子计算标准化工作项目正在进行研究，包括澄清定义术语，识别标准化需求并提供基准性能指标之外，也关注了量子计算机和量子模拟器的功能架构、算法开发设计和准确的计算能效测试等方面的标准。其中 IEEE P7130™ 项目将定义与量子计算物理相关的术语，包括量子隧穿、量子叠加、量子纠缠以及其他相关的术语。另外，随着技术的不断发展而出现的其他新术语也属于该项目将要定义的范畴。该标准规范了量子计算特定术语的定义并强调其必要性，使软硬件开发、气候科学、数学、物理学等其他领域的专家更方便了解量子计算。此外 "IEEE P3120" 标准定义了量子计算机的技术架构，包括硬件组件和低级软件。

我国量子计算技术标准研究尚处于起步阶段。2023 年，我国首个量子信息技术领域国家标准 GB/T 42565—2023《量子计算术语和定义》通过国家市场监督管理总局（国家标准化管理委员会）批准正式发布，并于 2023 年 12 月 1 日开始实施。该标准是 TC 578 首个获批发布的国家标准，由中国科学技术大学和济南量子信息技术研究院牵头制定，规范了量子计算通用基础、硬件、软件及应用方面相关的术语和定义，为量子计算领域相关科研报告编写、标准制定、技术文件编制等工作提供规范指导，为我国量子信息技术领域科技、产业、标准化协同发展奠定了坚实基础。

TC 578 还开展了量子计算技术发展趋势与标准化需求研究，应用场景研究，量子计算云平台应用与测评研究等项目，新立项了量子计算性能评估基准研究。

量子计算领域标准制定情况如表 2-16 所示。

表 2-16　量子计算领域标准制定情况

发布时间	实施时间	发布机构	名称	标准号
2021.06	/	C/S2ESC-Software & Systems Engineering Standards Committee	Trial-Use Standard for a Quantum Algorithm Design and Development	IEEE SA - P2995
2021.09	/	IEEE Computer Society/ Standards Activities Board Standards Committee（C/SABSC）	Standard for Quantum Computing Performance Metrics & Performance Benchmarking	IEEE SA - P7131
2023.02	/	C/SABSC - Standards Activities Board Standards Committee	Standard for Quantum Computing	IEEE SA - P3329
2023.05	2023.12	中国国家市场监督管理总局、国家标准化管理委员会	量子计算 术语和定义	GB/T 42565—2023
2023.09	/	C/MSC - Microprocessor Standards Committee	Standard for Quantum Computing Architecture	IEEE SA - P3120

Chapter 3

电力量子
应用场景与案例

3.1 电力量子测量

3.1.1 金刚石 NV 色心 / 原子气室在量子电流传感器应用

2020 年，国网浙江省电力有限公司丽水供电公司挂网了配网 10kV 原子气室的量子电流传感器，准确度等级 0.2 级；2022 年 5 月，安徽省合肥市 110kV 浅水变挂网了基于金刚石 NV 色心的量子电流传感器，额定电流 1000A，准确度 0.2 级。

量子电流传感器基于量子效应将导线产生的磁场测量转换为对频率的测量，转换系数为物理常数，再通过量子电流传感器与导线的空间位置实现对电流的测量。目前较为成熟的量子电流传感器技术路线包括气态原子、金刚石 NV 色心等方案，有如下几个方面的潜在优势。

（1）稳定性好：量子电流传感器转换系数为物理常数不受环境和运行工况干扰。

（2）准确度高：通过将磁场测量转换为频率测量，而频率测量是目前准确度最高的物理量，指标通常优于 10^{-8}。

（3）可远程校准：通过北斗远程授时的方式，可对海量电流传感器进行远程校准，避免了传统传感器停电校准造成的供电可靠性降低和人力物力消耗。

量子电流传感器原理及样机如图 3-1 所示。

量子电流传感器适用于电力各种场景的电流测量，例如，各电压等级变电站、换流站、储能电站、充电桩等。鉴于量子电流传感器在电力系统的海量用量，未来量子电流传感器的市场规模近千亿。目前量子电流传感器正处于样机研制与小规模试点阶段，尚有诸如成本居高不下、量子优势尚未完全发挥等问题需要解决。因此需要在核心材料自主化、量子调控器件小型化、电网复杂环境下长期稳定性验证等方面进行突破和攻关。

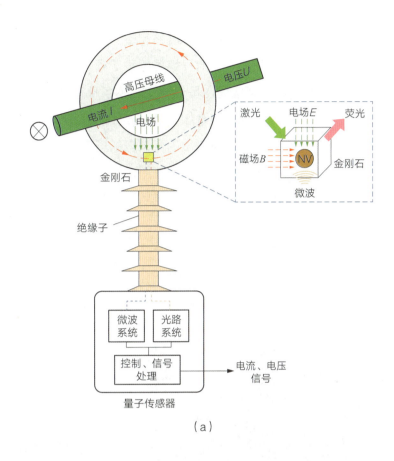

（a）

（b）   （c）

图 3-1 量子电流传感器原理及样机
（a）量子电流传感器原理；（b）配网 10kV 原子气室的量子电流传感器；
（c）变电站 110kV 金刚石 NV 色心量子电流传感器

3.1.2 里德堡原子在量子电压互感器应用

2023 年，国网重庆市电力公司基于里德堡原子实现了工频 50Hz 电场测量，强度范围 0~2kV/m，不确定度为 0.2%，并在 500kV 电压下完成了性能测试。

里德堡原子工频电场测量基于 Stark 效应将施加电势产生的电场测量转

化为对移频大小或频率宽度的测量，电场强度与移频大小和频率宽度呈线性关系。目前较为成熟的里德堡原子宽频电场测量方案有基于冷原子里德堡态 Stark 效应的静电场测量、原子汽室条件下基于德堡原子电磁诱导透明的微波电场测量技术等，有如下几个方面的潜在优势。

（1）基于里德堡原子的宽频电磁场量子测量技术具有量子溯源性，基本原理上排除了外界因素导致的原理性误差。

（2）基于里德堡原子的电场测量探头是光纤集成化的原子气室，是纯非金属探头，这样对外电场的干扰最小，也是强电环境下的潜在优势之一。

（3）基于里德堡原子的宽频电磁场量子测量技术具有很宽的测量带宽，理论上从 DC-500GHz 范围内具有丰富的工作频点。

基于里德堡原子的宽频电磁场量子测量技术原理及样机如图 3-2 所示。

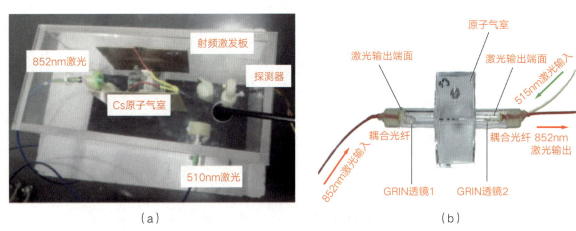

（a）　　　　　　　　　　　　　　　　　（b）

图 3-2　基于里德堡原子的宽频电磁场量子测量技术原理及样机
（a）里德堡工频电场测试样机；（b）全光纤里德堡原子传感器

基于里德堡原子的宽频电磁场量子测量技术未来在电场强度测量、电力系统状态监测方面具有广阔的应用前景，例如电力设备局部放电检测、绝缘性能评估、电弧故障诊断等。目前基于里德堡原子的宽频电磁场量子测量技术仍处于实验验证阶段，实际应用层面仍有许多工程上的难题亟待解决。因此需要在高稳激光器的研制、磁场屏蔽装置的研发等方面开展攻关。

3.1.3　电力系统原子钟组时间最高标准

2023 年，中国电力科学研究院建立了以"三氢三铯"原子钟组为核心的国家电网有限公司守时系统，与 UTC（NIM）的时间偏差优于 8ns，相对频率偏差优于 2×10^{-14}，相当于 160 万年仅差一秒。

　　原子钟组守时系统利用原子的特定能级之间的跃迁频率来测量时间。原子在受到外界激发后，会从一个能级跃迁到另一个能级，其跃迁频率非常稳定且与时间密切相关。目前较为成熟的技术路线包括铷、氢、铯原子钟以及光钟等，有如下几个方面的潜在优势。

　　（1）精准度高：原子钟组守时系统利用多个原子钟的测量结果进行平均，从而减小由于单个钟的不确定性带来的误差。因此，原子钟组通常具有比单个原子钟更高的时间测量精度和稳定性。

　　（2）长期稳定性：原子钟本身基于原子能级跃迁频率的特性决定了它们具有极低的时钟漂移率和频率不确定性，而原子钟组系统钟多个原子钟可以相互校准和纠正，进一步提高了系统的长期稳定性。

　　（3）可远程校准：原子钟组可以通过网络或卫星通信等方式对系统进行校准和调整，而无须人工干预或现场操作，实现对原子钟组系统的频率和时钟偏差进行实时监测和调整。

　　原子钟组守时系统如图 3-3 所示。

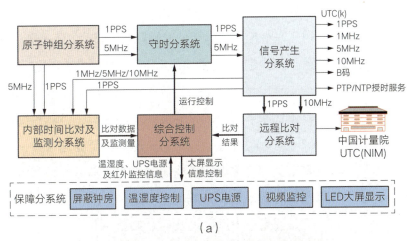

（a）

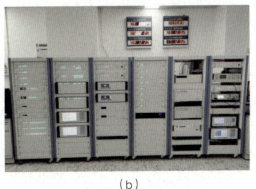

（b）

图 3-3　原子钟组守时系统
（a）原子钟组守时系统结构框图；（b）原子钟组守时系统实物照片

量子时间频率技术可用于发电厂自动化控制系统、变电站综自系统、调度自动化系统相量测量装置、故障录波装置、微机继电保护装置等场景，用以满足同步采样、系统的稳定性判别、线路故障定位、故障录波、故障分析及反演等需求。当前处于守时系统授时授频推广应用的重要阶段，还需解决量子时频标准的小型化、低功耗、自主可控等问题。

3.1.4 约瑟夫森量子电压及量子电能标准

2022 年，国家电网计量中心在量子测量实验室调试、运行了可编程约瑟夫森量子电压，测量不确定度优于 10^{-8} 量级；2023 年，国家电网计量中心在量子测量实验室调试、运行了溯源至可编程约瑟夫森量子电压的功率电能标准，测量不确定度优于 20ppm（$k=2$）。

量子电压基于约瑟夫森效应将超导体两端施加的电压测量转化为微波频率的测量，转换系数为物理常数，具有极高的电压测量精度和稳定性。目前量子电压的主流技术路线包括可编程型约瑟夫森结与脉冲驱动型约瑟夫森结，有如下几个方面的潜在优势。

（1）准确度高：利用低温超导效应获得的量子电压确保了其在量子级别上的稳定性。即使在极低的电压水平下，约瑟夫森电压标准仍能提供极高准确度。

（2）稳定性好：基于约瑟夫森效应的量子电压可以将电压溯源至物理常数，其不受制于材料的特性或环境的影响，且具有高度的可重复性。

（3）可远程校准：由于将电压溯源至物理常数，其电压大小至于施加微波频率有关，可采用卫星通信的方式对其微波频率实施远程校准，保证供电可靠性，降低人力物力成本。

可编程量子电压原理及标准如图 3-4 所示。

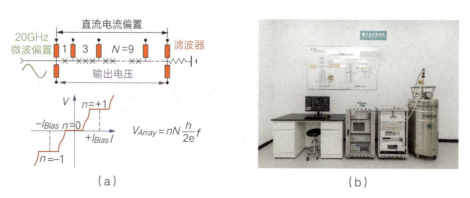

图 3-4 可编程量子电压原理及标准
（a）可编程量子电压原理；（b）可编程约瑟夫森量子电压标准

量子电压适用于电力场景下的高精度电压测量、电压量值溯源、台区三相不平衡检测等应用场景。目前量子电压标准正处于实验室应用与小型化研究阶段，在大规模应用之前，尚有诸如成本居高不下，环境条件苛刻等问题需要解决。因此需要在核心器件自主化、配套设备小型化、量值溯源与传递扁平化等方面进行突破和攻关。

3.1.5　芯片级分子时钟用于电力领域多种场景

2018 年，麻省理工学院联合太赫兹集成电子集团首次研发了芯片级分子时钟，实验室条件下满足每小时误差不大于 1μs；2021 年，电子科技大学研发了 65nm 工艺等级的芯片级分子时钟，能够在 τ=103s 时呈现 4.3×10^{-11} 的测量艾伦偏差。

芯片级分子时钟采用极性气体分子在亚太赫兹频段的旋转波谱作为频率参考，同时通过 CMOS 集成波谱芯片和紧凑气体腔物理封装实现高度集成化，它具有以下技术优势。

（1）稳定性好：具备良好的时间长期稳定性，实现时间误差小于 100ns/天、1μs/ 周。

（2）可靠性高：分子气体具备高物理可靠性，采用全电子学架构，反馈控制的复杂度大幅降低，同时无须磁屏蔽和高精度控温装置，物理封装大为简化，具备良好的抗过载、振动和冲击特性。

（3）低成本：通过主流 CMOS 工艺的片上集成波谱探测系统实现谱线探测，大规模制造成本在人民币千元量级，大大降低高精度时钟成本。

量子时间基准 - 芯片级分子时钟原理及样机如图 3-5 所示。

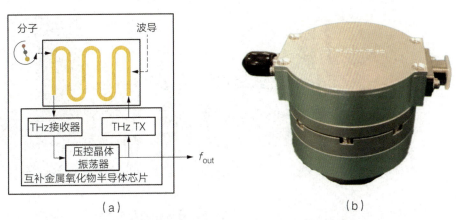

图 3-5　量子时间基准 - 芯片级分子时钟原理及样机
（a）芯片级分子时钟原理；（b）芯片级分子时钟样机

高精度时钟在电力系统各个需要时间基准的环节具有广泛应用前景，例如电力参量同步测量与数据记录、电力系统精准调度与控制等。未来芯片级分子时钟在电力领域的市场规模近百亿，目前芯片级分子时钟正处于样机研制阶段，在大规模应用之前，尚有集成化工艺、数字处理专用芯片等问题需要解决。因此需要在准真空小型化气密封装、频率锁定专用芯片研制、电网复杂环境下长期稳定性验证等方面进行突破和攻关。

3.1.6　量子精密磁测量用于海底电缆故障定位

2020 年，国网浙江省电力有限公司舟山供电公司海洋输电移动实验平台舟电 15 号船上开始搭配了基于高灵敏量子磁传感技术的海底输电缆检测设备，同时验证了利用自激式宽频带量子磁力仪可以实现高动态环境下海缆故障点精准定位及跟踪。

海底电缆故障点精准定位基于标量型量子磁测量技术，通过对海缆电流产生的工频交变磁场信号的幅度和相位的稳定提取，实现对海缆的高精度检测，该种技术方案具有以下优势。

（1）精度高：量子磁传感器具有最高性能的测量精度，不受环境影响，对海缆磁场测绘精度高。

（2）适合高海况：利用量子磁传感器标量测量的特点，检测过程不受平台姿态影响，可在高海况下工作。

（3）精准测深：攻克了海底输电缆埋深精准测量的难题，保障海缆的安全运行。

量子磁测量在海缆检测的应用如图 3-6 所示。

（a）　　　　　　　　　　　　　　（b）

图 3-6　量子磁测量在海缆检测的应用
（a）基于宽带高灵敏量子磁检测技术的海底电缆故障定位；
（b）嵊泗海域故障海缆故障点快速定位

基于量子磁传感器的海缆检测系统可用于岛屿间的输电缆、海上风电输电缆、海上钻井平台输电缆、海底通信光缆等的检测。此项技术已经趋于成熟，但处于应用的初级阶段，尚未形成标准化产品。因此需要将此系统不断应用到各类海底线缆的检测中，逐步迭代出成熟的产品，有效降低海缆故障和减小故障定位时间，提升海上输电系统的可靠性。

3.2　电力量子通信

3.2.1　配电网量子加密通信

传统通信方式下，配电设备与主站的通信线路只有一个固定的密钥进行保护，一旦被破解，配电设备将面临被他人操控与破坏的风险，对电力系统的可靠性和稳定性造成威胁。2023 年国网湖北省电力有限公司武汉供电公司试点将量子加密通信技术引入武汉电网配电自动化领域，成功在武汉市经开区供电环网内的配电自动化终端实现了量子加密通信。具有以下技术优势。

（1）量子加密技术作为最先进的通信安全手段，为配电自动化系统的数据传输提供了更高等级的保护。

（2）量子加密通信因量子的随机与不确定性，能在平均十多秒的时间内不断变化密钥，令防破解的安全系数大大提升。

（3）通过量子密钥分发协议，利用量子态的不可复制性和抗干扰性，确保了通信的保密性和完整性。

供电人员检查新安装的量子加密通信线路运行情况如图 3-7 所示。

在配网领域，量子通信可用于环网柜、开闭所、柱上开关等各种配电设备与配电自动化主站连接，实现更加安全的实时监控、远程控制。当前量子通信技术在配网数据加密方面处于推广应用的重要阶段，还需要解决新老通信系统匹配、原通信网络复用、多种配网环境下量子系统的适用性等难题。

3.2.2　5G 量子加密智能开关

2021 年，国网浙江省电力有限公司在第 19 届亚运会莲花主场馆架空线上通过 5G 信号完成 10kV 鸿华 C9190 开关量子加密数据传输，这是全球国

图 3-7　供电人员检查新安装的量子加密通信线路运行情况

际大型赛事首次应用量子加密电力设备，让杭州亚运赛事电网安全保障有望媲美全球最高电网通信安全等级。

量子加密智能开关，是基于量子不确定性原理，采用 QKD 技术，使通信的双方能够产生并分享一个随机的、安全的密钥，来加密和解密消息，具有如下几个优势。

（1）提升了数据传输的速度，保证了安全性与可靠性，为电网安全、可靠地快速响应与主动控制提供了技术支撑。

（2）配网量子智能开关的有效应用，减少专网光纤网络铺设，可有效减少前期投资和后期维护。

（3）量子加密技术应用在配电设备上，是无线公网安全替代光纤专网的一次突破性尝试。

杭州亚运会量子加密智能开关应用如图 3-8 所示。

（a）　　　　　　　　　　　　　　　　　（b）

图 3-8　杭州亚运会量子加密智能开关应用
（a）杭州 2022 年第 19 届亚运主场管；（b）开关数据通过量子加密传输至控制室

量子通信技术可以应用到配电房、电缆隧道的动环监测、变电机器人和输电无人机的视频巡检等输变配等多专业场景，让电力系统多设备的数据互联与传输更安全、更可靠。当前，量子通信的应用和实践在电力系统已经从试点和示范逐步走向小规模商用，但是大规模商用部署仍面临不少问题需要解决，特别是在复杂电网应用环境下的密钥成码率、大规模应用下的设备成本、网络能力提供等方面，需要产业链各单位在关键器件、设备性能、网络功能、应用探索等方面共同攻关。

3.3　电力量子计算

3.3.1　量子计算用于电力系统仿真分析

2022 年，Technical University of Denmark 的风能与能源系统系在 IBM 的真实量子计算机上用量子潮流算法实现了 5 个总线条件下的电力系统潮流计算分析。

量子潮流计算通常采用快速解耦潮流（FDLF）和直流潮流，利用变分量子线性求解器（VQLS），结合当前硬件求解潮流计算钟的线性方程组。得益于出色的计算效率和收敛性能，快速解耦潮流是电力系统量子潮流计算中应用最广泛的技术手段之一，其有如下几个方面的潜在优势。

（1）指数加速：求解量子线性系统问题的 HHL 算法相较经典算法能够实现指数加速。

（2）出色的计算效率和收敛性能：能以较高的速度解决更加复杂的实际场景潮流计算问题。

（3）应用广泛：FDLF 是 Newton-Raphson 功率流中应用最广泛的变体之一。

对一个 3 总线系统求解量子功率流（QPF）的 HHL 线路如图 3-9 所示。

基于量子计算的潮流计算与分析技术可在电力系统潮流计算中应用于复杂网络的潮流分析、特殊结点的高精度电压功率分析以及潮流优化等领域。目前主流的技术路线在未来 5~10 年会创造数百亿美元的价值，但其中 80% 会归属于量子计算的应用方。量子潮流计算应用的可扩展性是目前的一个主

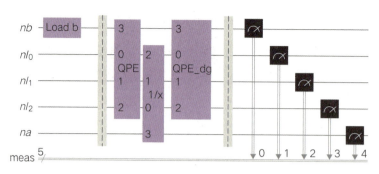

图3-9 对一个3总线系统求解量子功率流（QPF）的HHL线路图

要问题，大规模应用还面临硬件量子比特数规模还不够、线路深度或者相干时间不足、量子计算机纠错能力有限等问题。因此需要在核心硬件的设计制备、软硬件层面的可拓展性层面进行攻关。

3.3.2 混合量子计算的电力故障诊断

2021年，康奈尔大学提出了基于混合量子计算的深度学习框架，用于电力系统的故障诊断，该框架将条件限制玻尔兹曼机的特征提取能力与深度网络的有效分类相结合。

基于电力系统故障诊断应用技术利用了量子辅助学习和经典训练技术的互补优势，通过执行参数线路得到损失函数及其梯度，然后通过经典的优化算法来优化求解，从而完成对应的生成任务。目前主流的技术路线是基于受限波尔兹曼机（Restricted Boltzmann Machines，RBM），其潜在优势有如下两个方面。

（1）更准确的预测或更广泛的泛化：与经典机器学习方法相比而言。

（2）指数加速：相较经典计算机而言在速度上具有指数加速的效果。

RBM和条件RBM的网络示意如图3-10所示。

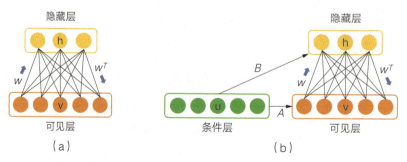

图3-10 RBM和条件RBM的网络示意图
（a）RBM；（b）条件RBM

量子生成训练技术如图 3-11 所示。

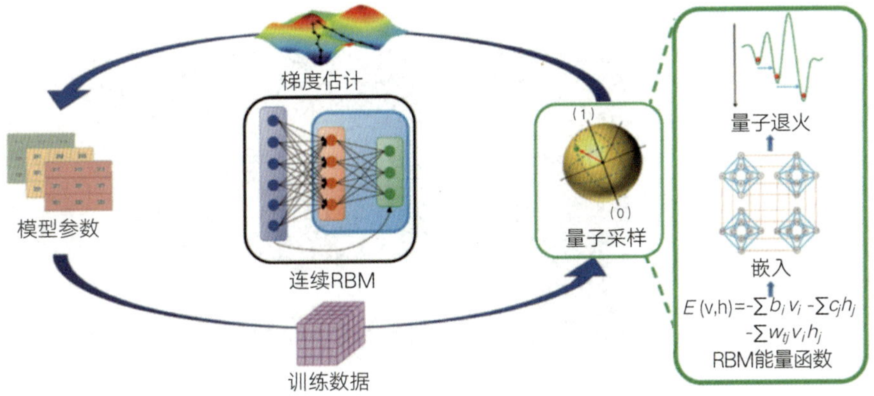

图 3-11　量子生成训练技术示意图

基于量子计算的电力系统故障诊断技术在电力领域具有极其广泛的引用，如局部放电故障定位分析、短路电流特征参量提取、开关电弧故障模型分析等。目前在实际工程应用的噪声尺度条件下量子智能算法仅实现了量子机器学习算法的测试应用，对于规模大、不确定性多、参量复杂的电力系统大模型，当前的量子比特水平还不足以支撑实际的工程应用。因此需要在硬件量子比特数规模、线路深度以及相干时间优化等方面继续开展相关研究。

3.3.3　光量子计算的机组组合优化

2023 年，中国科学技术大学中国科学院发布了"九章三号"光量子计算机原型，其拥有高达 255 个可操纵光子，是"Frontier"超算计算能力的 10^{24} 倍。

光量子计算机是基于量子物理中的微观粒子叠加态来实现并行加速的计算设备，尤其是在求解 NP-Hard 问题中能够具备计算速度和精度的双重潜在优势。相较于现有的经典计算机方法，基于量子计算的安全约束机组组合优化方法存在如下优势。

（1）速度快：利用光量子计算机的物理叠加能力，通过特定数学模型完成优化问题到物理系统的映射，从而提高优化计算的速度。

（2）准确度高：利用光量子系统的能量演化原理，实现对整个解空间的并行搜索模拟计算，从而有更大概率获得更优的解，即获得更优的机组安排计划。

（3）功耗低：光量子计算机由于天然属于微观粒子操控系统，因此整体功耗远小于经典计算集群，未来应用可以大量降低能源消耗。

光量子计算机及其原理如图 3-12 所示。

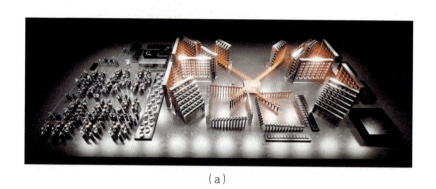

（a）

图 3-12　光量子计算机及其原理
（a）光量子计算机；（b）光量子计算原理图

未来光量子计算的加速能力将有望覆盖到电力领域多个的应用场景中，多因素条件下电力系统的规划和设计、电力市场交易和价格预测等都是光量子计算的潜在应用方向。但光量子计算技术目前仍处于前期探索阶段，光量子计算机的计算规模、稳定性等还需要不断提升，并且相应的量子应用算法也处在发展期。因此当下需同时针对硬件以及软件层面，开展集中攻关，提升硬件性能以及稳定性，同时努力构建算法软件生态。

Chapter 4

电力量子领域发展
面临的问题及建议

4.1　科研顶层设计

问题：目前，电力领域内各单位的量子信息技术研究点多面广，量子测量、量子通信和量子计算都有涉及。例如，中国电力科学研究院在量子电流、量子电压标准以及量子传感方向开展了大量技术攻关，国网浙江省电力有限公司在量子通信加密技术在电力系统的应用做了大量的试点验证，国网江苏省电力有限公司则致力于量子电能的研究。但是缺乏系统的顶层设计规划，不利于量子信息技术在电力领域的整体发展和应用推广。

建议：做好电力量子信息技术顶层设计。结合国家战略规划，确定电力量子信息技术战略规划；整合行业内外的研究力量，构建电力量子信息技术的创新体系；通过产学研用深度融合，推动量子信息技术在电力领域的研发和应用。

4.2　应用场景牵引

问题：电力领域涵盖电力系统的发电、输电、配电和用电等各个环节，场景丰富，但是目前的量子信息技术在电力领域应用验证较少，主要是量子通信在一些电力公司开展了试点，对于量子测量、量子计算的应用场景对接，示范工程建设，产品试运行迭代开展很少。这种状况极大地限制了未来量子信息技术在电力领域的大规模应用和产业化发展。

建议：充分响应国有资产监督管理委员会未来产业要求，发挥央企领头场景需求牵引作用。引导各单位积极参与试点，通过全量子信息变电站等典型场景和示范工程建设，打造具有国际影响力的创新联合体和未来产业集群，推动我国未来信息产业总体水平从目前的"跟跑""并跑"迈向"领跑"。

4.3　产业规划布局

问题：虽然我国在量子通信、计算等方面取得了世界领先的成绩，但国外量子信息技术的整体研究水平领先于国内，尤其是在金刚石 NV 色心、里德堡原子、高速量子调控器件等核心部件或高端材料方面，我们与国际先进技术仍存在一定的差距，面临"卡脖子"风险。尤其对于电力领域的引用，需要对一些基础器件、材料定制化研发，但是对研发人员投入、研发平台建设等有较高要求，这使得开发方的研发成本较高，目前基本上没有企业涉及，这将为成为我国电力量子信息技术的进一步发展和应用的瓶颈。

建议：整体进行电力量子产业上下游布局，促进未来产业发展。加强核心器件及材料的自主研发和创新，加强电力领域各行业间信息交流，引导产业公司介入上下游产业链，统筹国内市场、对接国际资源，深化多元主体协同，加大创新资源互补，推动电力量子测量创新链、产业链、资金链和人才链深度融合。

4.4　复合科研人才

问题：作为一个新兴技术领域，电力量子行业在研发、管理、市场销售、生产制造等环节均面临着显著的人才短缺问题。量子信息技术作为一个交叉学科领域，不仅要求相关人才具备深厚的物理学知识，还需了解电力工程相关知识。当前，电力系统内大多数从事量子信息技术的人员主要为物理学专业背景，这些量子领域人才很少有电力工程的相关专业背景或实操经验。现有的人才数量难以满足电力量子信息技术的发展需求。

建议：加强量子信息学科建设，加强学科交叉人才培养力度。建议电力相关高校开设与量子信息课程，培养不同层次的量子人才。加大企业和高校联合培养力度，与量子相关高校或研究机构开展联合研究生培养，探索出一条适合的人才培养路径。形成人才梯队，储备一批电力量子科学研究和工程技术应用方面的科研人员。

电力量子体系架构展望

5.1   总体目标

电力量子信息技术将在电力系统基础数据获取、海量电力数据安全传递、电力数据处理与增值等方面突破传统电力技术的瓶颈，极大地推动电力源—网—荷—储等领域的技术发展。电力量子信息技术发展的目标图像是"电力量子信息网络"，分布式的电力量子传感、通信和计算系统以量子纠缠方式互连，规模化交换电力量子信息。从三个层面重构电力系统：①技术形态量子化，通过使用量子器件/仪器替换现有电力系统的核心部件与装备，显著提高现有系统能力；②网络形态量子化，基于量子信息技术的特点，构建崭新机理的电力网络；③服务形态量子化，将量子信息技术深入融合电力系统，构建新质生产力。

具体从电力量子信息技术体系、产业体系与标准体系进行布局。

5.2   技术体系

电力能源网络是一个庞大而复杂的系统，涵盖了从发电、输电、分配到最终的用电等多个环节。每一个环节都承担着确保电力供应连续性和效率的重要职责。在这个复杂的网络中，存在着各种挑战，如需求预测、资源优化分配、系统稳定性维护以及数据安全等。量子信息技术作为一种新兴的技术方案，其在传感精度、信息传输安全性及数据计算处理方面的独特优势，为提升电网运行效率提供了新的可能性。

基于电力能源网络的运行情况和需求，以及量子信息技术当前发展现状和未来预期，量子测量、量子通信、量子计算技术在新型电力系统建设的蓝图和框架如图 5-1 所示。

图 5-1　电力能源量子信息技术框架图

5.2.1　电力系统各场景量子信息技术框架

1　电力量子基标准

工业和信息化部等七部门发布《关于推动未来产业创新发展的实施意见》要求布局未来量子信息产业，加快量子信息技术及产品研发。《计量发展规划（2021~2035）》要求实施"量子度量衡"计划，提出加强以量子计量为核心的先进测量体系建设，加快量子传感器的研制和应用，建立新一代国家计量基准。

随着国际单位制量子化变革，越来越多的基标准已经采用量子化方式进行复现。国外相关机构已开展了量子基标准相关技术研究，比如量子电压、电能、时频等新型基标准技术。电力量子基标准技术是未来基标准技术发展趋势。电力量子基标准通过量子现象复现电压、电流、电能等电学量，是量子物理学和计量学相结合的产物，与传统计量基准相比，可实现任意时刻、任意地点、任意主体根据定义复现单位量值，大幅提高测量精度、稳定性和可复现性；同时通过量子计量基准与信息技术的结合可实现量值传递溯源链路扁平化，使量值传递链条更短、速度更快、测量结果更准更稳。其研究和应用将推动我国电力量值传统多级、树状传递的测量体系向扁平化发展，对我国电力系统量值可靠传递，支撑建立新型量传溯源体系具有重要意义。

电力量子基标准包含电流比例标准、电压比例标准、电阻标准、时频标准、局部放电标准和温度标准等，基于量子效应和物理常数的量子计量技术应用于计量基准和标准装置的小型化，可以促使计量标准器件实现更高的测量精度和设备的微型化，以便更好地适应不同的应用场景。例如中国计量院启动了"基于量子效应的仪表原位标校技术"项目，中国电科院开展了基于约瑟夫森量子电压效应的电能标准和电压比例标准的溯源技术，以提升实验室计量标准的溯源水平。

国家电网有限公司在电力量子标准开展了技术布局与研究，搭建了包含量子电压、电流、电能、时间频率标准系统。研制了电力领域首套量子电压标准系统，并通过自主研制的量子电压电子式互感器校验仪，解决了数字量溯源的难题。量子电流标准系统基于光阴极电子枪与荧光探测技术，在电流强度、电流稳定性等方面达到国际先进水平。量子电能标准系统将电能量值溯源至自然物理常数，提升了电能计量能力。量子时间频率标准系统是以"三氢三铯"钟组为核心的公司时间频率最高计量标准装置，与国家时间频率基准偏差小于 8ns。同时，面向支撑未来电力、能源、航天等行业对大电流精密测量的需求，还将开展量子大电流国家标准装置及试验系统、超特高压量子电压标准等系列电力量子基础类标准装置研发，建设原子气室、里德堡、单电子、NV 色心、粒子加速器、原子钟等微观粒子及量子器件操控研究平台，具备超低温、高超真空、极弱磁场、脉冲强电磁、高能空间辐射等精密基础极端试验条件。通过电力量子基标准体系的布局，建立电力量子量测标准体系，推动量子信息技术在电力领域全面应用，助力新型电力系统建设，助推电力计量迈入量子化时代。

2 电源清洁高效开放互补方面

（1）量子测量。量子测量技术在电力系统的电源侧具有潜在的应用价值和显著的优势，尤其在发电机组绕组电流检测、并网逆变器电压测量和低电压穿越过程的瞬时电压测量等领域。例如在发电机组的绕组电流检测中，传统的电流检测方法受限于散粒噪声、测量量程以及传感材质等，难以实现宽量程范围内的非侵入式高精度电流测量，而基于金刚石 NV 色心的量子测量系统能够利用量子效应和自身材料特性来打破这一限制，实现对发电机绕组电流的超高精度测量，这对于提高发电效率、减少能源损耗以及预防设备故障具有重要意义。在并网逆变器电压测量和低电压穿越过程的瞬时电压测量中，量子测量技术能够以超越传统互感器的超高灵敏度检测到电压的微小变化，实现电网电压波动的实时调节和控制，有助于提升电力系统的整体性能和稳定性。此外，量子测量还可以用于变压器、开关设备和发电机等设备的漏电流检测以及新能源领风力发电叶片的无损检测，例如基于金刚石 NV 色心的量子磁传感器以及原子磁力计等，能够在超宽温度范围下工作并提供高灵敏度的磁性探测，这对于检测变压器漏电流产生的微弱磁场是非常有用的。

（2）量子通信。量子通信在电力系统电源侧的主要应用分为发电机组调度控制通信和光伏无人机巡检通信两个方面。量子通信可以提供高效的远程控制，例如国网浙江省电力有限公司绍兴供电公司通过量子通信技术，实时监测发电机组的运行状态，及时调整发电量和电网频率，从而提高电力系统的稳定性和可靠性。此外，量子通信也在解决山区"电力孤岛"问题上发挥了重要作用，例如国网浙江省电力有限公司绍兴供电公司利用量子通信，实现了对位于山区的线路末端发电机的远程控制，解决了该区域长期存在的单电源难题。量子通信可以在光伏无人机巡检通信中提供安全的数据传输通道，保障巡检数据的完整性和安全性。

（3）量子计算。量子计算在电力系统中发挥着重要的作用，尤其是在火力发电预测、风力发电优化和分布式光伏群调群控等领域。一方面，量子计算机具有高效的计算能力，能够处理大量数据并进行复杂的模拟，有助于更准确地预测火力发电的效率和产量。另一方面，风力发电的不稳定性给电网带来了挑战。量子计算机可以用于优化风力发电的调度和控制，从而提高风电并网的稳定性和效率。对于分布式光伏群调群控，量子计算机可以通过高效的计算和模拟技术，实现对大量光伏电池板的集中管理和优化，提高光伏发电的整体效率。

3　电网柔性互联安全可控方面

（1）量子测量。在电网端，量子测量主要涉及两方面的应用。一方面是常见的电流互感器以及电压互感器等，例如中国电力科学研究院有限公司武汉分院研制的小型化全光纤结构量子电流互感器，实现了超越传统经典测量原理的精度，同时还具有远程校准属性，在并在 10kV 配网专用变压器用户挂网运行，这标志着量子测量技术在电力领域的应用迈出了重要的一步，还有用于变电站交直流互感器、避雷器等的电压电流测量装置。另一方面是电力现场检测装置，包括变压器、断路器、高压电缆、GIS 等设备的局部放电测量，其中基于光量子效应的 GIS/GIL 局部放电检测技术能够有效提高测量系统的抗干扰性和灵敏度，对减少现场检测装置的漏报、误报具有重要意义；此外，还有变压器绕组变形、铁芯接地电流测量，输电线路杆塔沉降、线路覆冰、舞动等参量测量，以及换流阀电磁波及电源管理单元等领域的量子精密传感。量子测量技术的应用不仅提高了电力系统测量的精度和可靠性，也为电力设备的小型化和智能化提供了新的技术路径。

（2）量子通信。在电网端，量子通信方面主要涉及变电站保密通信和应急通信保密网两方面应用。主要通过通信链路加密来保护数据中心，以及利用量子不可克隆和不可分割的特性来实现安全量子密钥分发，实现不可破译的保密通信。例如，2021 年 5 月，世界首台基于量子加密通信的配电网远程智能开关在浙江研发成功，并成功在杭州亚运会主场馆电力保障中应用，标志着量子通信在电力系统中的应用已经进入了实际操作阶段。

（3）量子计算。量子计算在电力系统中发挥着重要的作用，尤其是在潮流分析、电网调度和电力系统仿真等领域。例如利用 Shor 和 Grover 等量子算法求解复杂电力系统的电压分布和功率分布，发挥量子算法高速并行计算的优势，大幅度减少计算时间；还可以通过量子计算更有效地优化电网调度策略，提高电力系统的整体性能；此外，利用量子计算的强大计算能力可以更准确地模拟电力系统的动态行为，为电力系统的设计和运行提供有力的支持。

4　负荷灵活控制友好互动方面

（1）量子测量。在负荷端，量子测量主要涉及用户侧电能表和充电桩等电流测量、环网柜和故障指示器等电压测量两方面的应用。量子测量技术在负荷侧的应用主要体现在其能够提供超越传统方法的宽量程范围测量精度以及小电流的高灵敏探测，这对于电能表和充电桩的精确计量具有重要意义，例如日本东京工业大学团队开发的紧凑型金刚石 NV 色心量子传感器能够在嘈杂环境中准确检测到毫安级的电流，电流探测准确度从 10% 提升至 1% 以内，将电动汽车的续航里程延长约 10%。此外，量子测量还可以用于接地电阻测量、线缆检测等方面测量，例如，通过使用量子磁力仪，可以实现最高磁场测量灵敏度可达 fT 量级（10^{-15} T），这对于微弱磁场的测量非常重要。

（2）量子通信。量子通信在电力系统负荷侧的主要应用分为电力载波通信和用户数据保密通信两个方面。在电力载波通信方面，通过量子通信技术，不仅可以实现与公网的安全对接，保障公网的传输通道安全，还能在整个电网的通信体系中进行量子加密。在用户数据保密通信方面，量子通信能够实现完全保密通信，这对于保护用户的隐私数据至关重要。例如，智能配电终端的应用可能会涉及外网，通过量子通信技术就可以保障这些通道的安全。

（3）量子计算。量子计算在电力系统中发挥着重要的作用，尤其是在工商业用电行为分析、低压台区负荷调度和负荷预测等领域。例如在工商业用电行为分析方面，量子计算可以提供精确的数据分析，从而更好地理解并优化工商业用户的用电行为。通过定义用电特性指标、划分负荷重要性等级，可以建立针对精细化需求响应的新型负荷特性分析指标体系。此外，智能电表数据的广泛应用也推动了电力大数据时代的到来，这使得对用户用电行为的分析更为深入和精准。在低压台区负荷调度和负荷预测方面，量子计算同样表现出了巨大的潜力，它可以快速处理大量的数据并进行高精度的预测，提前预知未来的电力需求，从而做出更加合理的电力调度决策。

5 储能泛在参与灵活赋能方面

（1）量子测量。在电力系统的储能方面，量子测量主要涉及电池管理系统（BMS）的电流测量、并网储能设备的电压测量，另外，还用于锂电池杂质检测以及核聚变磁场检测等领域。例如利用金刚石 NV 色心对电池充放电过程中的宽范围电流进行准确测量，对于准确估算电池的充电状态和延长电池使用寿命意义重大。另外，利用量子测量技术实现并网储能电池组输出电压的精确控制，以保证电能的有效输出和电网的稳定运行。量子测量也可在锂电池杂质检测中发挥着重要作用，例如，国仪量子利用扫描电子显微镜对锂离子电池的负极材料、正极材料、隔膜等原材料进行检测，避免因原料质量低、引入杂质和加工工艺不当而引起的电池失效。在核聚变领域，量子测量也起着关键的作用。例如，量子测量技术可以用于检测和监控核聚变反应产生的强磁场，以确保核聚变过程的安全和稳定。

（2）量子通信。量子通信在电力系统储能侧的应用主要在储能并网控制通信方面。量子密钥分发是最先走向实用化和产业化的量子信息技术，可以提供超高的安全性，对于保护电力系统中的敏感信息尤为重要。例如，在储能并网控制中，通信的安全性至关重要，因为任何信息的泄露都可能导致储能系统的运行出现问题，使用量子密钥分发技术可以有效地保护通信的安全，确保储能并网控制的稳定运行。

（3）量子计算。量子计算在电力系统储能中的应用具有巨大的潜力。在储能容量配置规划、储能优化控制和混合式抽水蓄能电站优化调度等领域，量子计算都可以发挥重要作用。量子计算可以以指数级的加速解决许多计算问题。随着我国能源越来越多地来自风力涡轮机和光伏系统，计算并确保电网稳定以及防止电缆和变压器过载问题变得更加复杂。在这种情况下，量子计算的强大并行计算能力就可以大有作为。量子计算对于提高可再生能源的渗透率、提升计算效率、助力实现净零排放目标等方面具有深远而至关重要的意义。

6 市场智慧共享活力创新方面

量子信息技术在市场智慧共享活力创新方面的应用主要集中在量子通信和量子计算方面。量子计算机的高算力可以用于处理大量的数据，这对于市场分析和预测具有重要的价值。例如，量子计算可以用于分析市场趋势、消费者行为等，从而帮助企业做出更好的决策。此外，由于量子通信的加密性，它还可以保护信息的安全，防止信息被非法窃取或篡改。通过量子计算和量子通信技术，监管部门可以实时监控市场动态，及时发现并处理各种违规行为。

（1）量子测量。量子测量在电力市场的应用主要涉及电能数据采集的同步性和电力交易的实时性。精准的量子时频对于电能数据准确性至关重要，同时，可保证电能贸易结算和电力市场交易的实时性。

（2）量子通信。量子通信在电力市场交易的应用主要在电能信息加密通信方面，能够有效地保护电力系统中的电能数据安全，防止电能数据被非法窃取或篡改，保证电能结算和电力交易的准确可靠。

（3）量子计算。量子计算在电力市场交易中的应用主要在电力市场交易分析和碳排放评估等方面。量子计算机的算力强大，对于处理复杂的电力市场交易模型和大量的数据具有显著的优势。例如，清大科越与玻色量子共同开发的基于光量子计算的电力能源领域解决方案，就充分发挥了量子计算在电网智能调度、电力市场交易、智能发售电及能源互联网等典型业务场景的技术优势。

5.2.2　电力量子信息技术路线规划

量子测量方面，量子测量技术在传感尺寸、测量灵敏度、测量准确度及环境适应性等方面相比传统测量技术具有不可比拟的优势，极大地提升电力系统基础数据的获取水平。比如，在电流测量方面，现有的电流测量技术在宽温域、大量程和复杂工况场景下难以实现精准测量，且传感器件的测量性能易受环境影响，基于金刚石 NV 色心的量子电流互感器，能够实现电流的量子化测量，突破现有传感器的精准测量和环境适应性等局限，同时具备量子扁平化溯源和量值随时随地复现的优势，解决传感器环境适应性不强、测量可靠性不高和挂网后周期校准难等方面的问题。电力量子测量技术规划如图 5-2 所示。

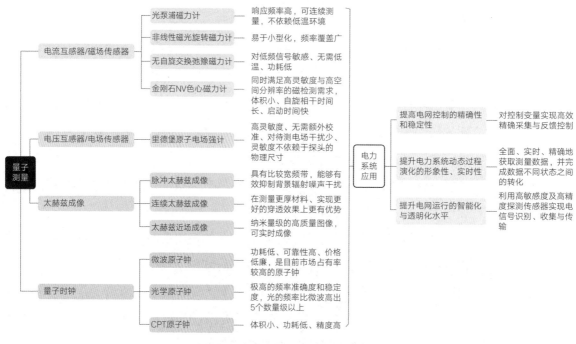

图 5-2　电力量子测量技术规划

量子通信方面，电网作为重大基础设施，其数据的安全性不言而喻。一方面，电力大量数据时刻存在被攻击的可能性；另一方面，随着量子计算的算力提升，现有密码体系未来可能被颠覆。当前，基于量子力学原理的量子密钥分发（QKD）技术，可以发现信息传输线路是否存在窃听，并且开展了实际应用。此外，抗量子密码技术（PQC）通过新的算法技术，去应对未来量子计算机的算力逐渐成熟时带来的挑战，在这些新技术可为现有信息传输的安全提供一种新的解决方案，进一步保障数据传输的安全性。电力量子通信技术规划如图 5-3 所示。

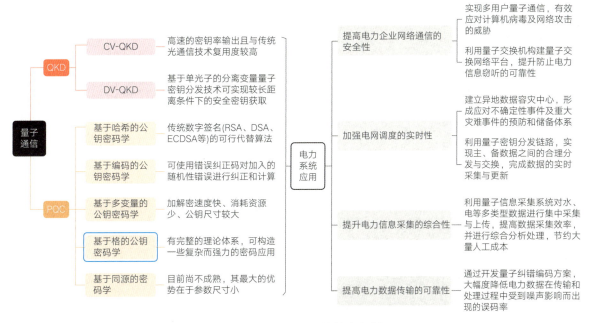

图 5-3　电力量子通信技术规划

　　量子计算方面，量子计算在电力系统中的应用还处于初级阶段，但已经显示出了巨大的潜力和价值，极大的助力电力海量数据的处理与数据的增值。例如，将量子计算技术引入电力系统可能会对提高可再生能源的渗透率、提升计算效率、助力实现净零排放目标等方面产生深远的影响。目前，除了传统的火力发电之外，新型发电技术，例如光伏和风力可再生能源发电，极端依赖气候环境，气候变化的不确定性为电网负荷调控和经济运行带来挑战，需要大数据模型及大规模算力的加持，为新能源发电气候预测和动态调度提供支撑，尽管量子计算技术当前并未收敛，但其强大的算力潜能，对解决电网多个环节的大规模、实时计算需求，提供了新的解决方案。电力量子计算技术规划如图 5-4 所示。

	超导	离子阱	光量子	中性原子	半导体	金刚石NV色心	拓扑量子比特
技术路线							
技术原理	• 超导约瑟夫森结的能级 • 微波、射频信号操控	• 离子外层电子的能级 • 激光、微波等操控	• 光子的偏振、自旋等 • 非线性器件的作用	• 原子外层电子的能级 • 激光、微波等操控	• 硅基量子点电子的自旋 • 微波、射频信号操控	• 未成对儿电子的自旋 • 激光操控	• 非阿贝尔任意子
技术优劣势	• 高可拓展性 • 易于测量和控制，与成熟的微波技术兼容 • 极低温(10mK)芯片运行环境	• 双量子比特门保真度最高 • 需要超高真空环境	• 光不受噪声源影响 • 围绕光子架构开发的软件较滞后 • 不易构造逻辑量子比特	• 高可拓展性（原子可在 3 维空间排布） • 激光系统复杂	• 量子比特寿命长 • 对低温的要求相对较低 • 量子比特门保真度较低	• 性质稳定，比特寿命较长 • 量子比特门保真度较低 • NV色心缺陷不可精确控制	• 可在硬件方面自动纠错 • 该技术开始落后于其他路径，且目前未有可控的量子比特
重点企业机构	• Google • IBM • Rigetti • 本源量子 • 国盾量子 • 量旋科技	• Quantinuum • IONQ • AQT • 华翊博奥 • 启科量子 • 幺正量子 • 国仪量子	• PsiQuantum • Xanadu • 图灵量子 • 玻色量子 • 正则量子	• Atom Coumputing • QuEra • Infleqtion • Pascal • 中科酷原 • 天之衡量子	• Intel • HRL Labs • Silicon Quantum Computing • 本源量子	• Quantum Diamond Technologies • 国仪量子	• Microsoft • 北京量子院 • 深圳量子院

图 5-4　电力量子计算技术规划

5.3　产业布局

　　在电力量子产业的上游领域，急需建立一批具备自主知识产权的核心材料和核心器件制造企业。然而，在外围保障方面，我们仍然依赖国外供应高性能脉管制冷机和分子泵。因此，我们迫切需要在低温系统与真空系统制造方面展开布局，以实现自主供应能力的建立。在核心器件方面，尽管金刚石氮空位色心、碱金属原子气室和量子比特芯片等量子材料具有重要的应用潜力，但国内尚未形成成熟的产能。此外，高功率高稳定光源和高信噪比单光子探测器等器件大部分仍然依赖进口。即使在自定义测控核心器件方面，如宽带宽捷变频微波源和信号锁相放大器等，国内的研发仅处于小规模阶段。因此，我们迫切需要布局量子材料制造企业以及光电和电子制造企业，包括激光器、微波源和探测器等设备，以确保电力量子产业链的完整覆盖，推动我国电力量子产业的健康发展。电力量子产业链上游布局如图 5-5 所示。

图 5-5　电力量子产业链上游布局

在电力量子产业的中游领域，需要充分利用中国东方电气集团有限公司、中国电气装备有限公司、南瑞集团有限公司等在电力设备制造方面的优势和经验。同时，还应结合国网信息通信产业集团有限公司、华为电力通信、大唐电信科技股份有限公司等在电力信息通信领域的技术实力和经验。此外，还需要借鉴华能科技、腾讯云、京东探索研究院等企业在电力仿真计算方面的专业知识。在这些基础上，结合国盛量子、国盾量子、国耀量子等新兴量子科技企业的技术创新能力，形成一批综合实力雄厚、覆盖发、输、变、配、用、市场等环节的电力量子设备硬件制造企业。同时，也应发展电力信息通信企业和软件算法企业，以满足电力量子产业的多样化需求和融合使用场景。电力量子产业链中游布局如图5-6所示。

在电力量子产业的下游领域，需要将中国电力建设集团有限公司、中国能源建设股份有限公司电力工程总包企业、各省份的电力公司等资源整合，形成电力量子工程柔性组织。这样的组织结构能够促进电力量子设备试点应用与示范工程的顺利落地。同时，还需要与电力运维公司合作，提供电力量子设备的运行维护和效果评价服务，确保设备长期稳定运行。此外，还应联合中国电科院、全球能源互联网研究院有限公司、北京量子信息科学研究院等科研机构，形成电力量子智囊团。这个智囊团将为电力量子试点设备提供技术支持，并开展顶层设计和发展规划，推动电力量子产业的发展和应用。电力量子产业链下游布局如图5-7所示。

图 5-6　电力量子产业链中游布局

图 5-7　电力量子产业链下游布局

5.4　标准体系

5.4.1　电力量子信息技术标准

　　标准制定工作对产业发展具有重要意义，根据对量子通信、量子计算和量子测量全球主要标准的梳理分析，国家电网有限公司作为建设和引领未来产业发展的先行者之一，结合电力能源网络的业务属性和发展需求，主要在量子测量和计量领域开展标准化工作，在量子通信、量子计算方面，作为标准工作的积极参与者，开放应用场景，为全面的标准制定提供支持。

　　在电力量子标准化顶层设计、电力量子应用场景、电力量子基础器件和量子计量标准四个方面进行电力量子信息技术标准布局，涵盖电力量子测量、量子通信和量子计算三个领域，建立电力量子信息技术标准体系。在标准顶层设计方面，布局电力量子信息技术导则及总体要求标准计划，为电力量子信息技术领域术语和通用技术要求的标准化提供重要依据和指导；电力应用场景方面，在电力系统源—网—荷—储及电力市场五个场景布局一批面向电力现场应用的电力量子产品和技术标准，推动电力量子产业链的协同发展，提升整个电力量子产业的竞争力；此外，考虑到电力量子产业化和标准化发展需求，在量子基础器件和方法规范方面进行标准布局，旨在提升电力量子基础器件质检及试验测试的标准化。电力量子信息技术标准体系框架如图 5-8 所示。

　　在电力量子信息技术标准顶层设计方面，布局了导则和总体要求两部分标准，其中包括电力量子信息技术导则、电力量子信息技术术语、电力量子测量、电力量子通信和电力量子计算的通用技术要求，为电力量子信息技术标准体系的建立提供总体指导思路。

　　在电力量子应用场景方面，重点围绕电力系统源—网—荷—储及电力市场五个场景布局一批电力量子测量设备、量子通信和量子计算模型相关标准，推动电力量子设备的产业化和标准化应用，解决当前和未来电力系统在计算能力、信息安全传输、精密测量和传感等领域的重大挑战。现阶段，量子测量技术在电力系统的产业化和实用化进程相对较快，可以优先布局相关标准，其次，量子通信依托成熟的量子密钥分发等技术也在快速实现商用化，并开始在电力系统应用，可以考虑布局相关标准，量子计算目前相对处于研发阶段，算力规模有限，适合中长期标准布局。

　　在电源侧，针对火电、风电以及分布式光伏等发电场景的电压、电流高精度高灵敏度传感、保密通信和强大的算力需求，布局一批量子产品或技术标准。量子测量方面，布局一批产品技术标准，适用于检测发电机组强电流的量子电流互感器、检测并网逆变器输出电压的量子电压互感器、检测低电压穿越的量子电压互感器等，此外，还可以在发电机组调试以及光伏无人机巡检等场景布局量子通信技术要求相关标准，以满足重要场景中的保密通信要求。此外，在火力发电预测、风力发电优化以及分面式光伏群调群控方面，涉及强大的算力支撑，可以布局量子计算模型相关标准。电源侧布局的相关量子标准及优先级排序如表 5-1 所示。

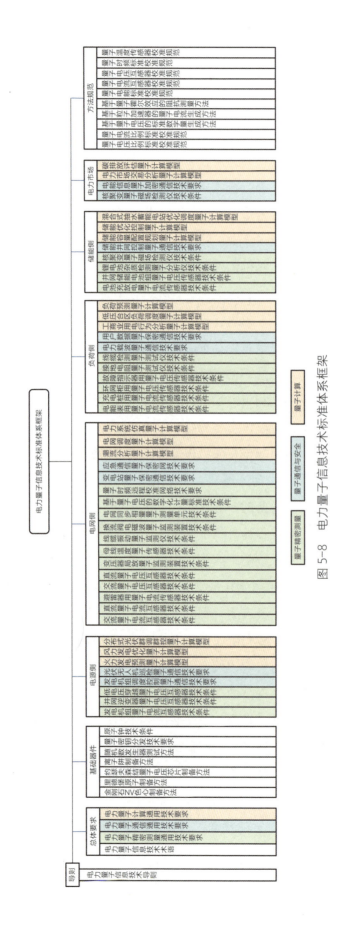

图 5-8 电力量子信息技术标准体系框架

表 5-1　电源侧布局的相关量子标准及优先级排序

序号	标准名称
1	发电机组量子电流互感器技术条件
2	并网逆变器量子电压互感器技术条件
3	低电压穿越量子电压互感器技术条件
4	发电机组调度控制量子通信技术要求
5	光伏无人机巡检量子通信技术要求
6	火力发电预测量子计算模型
7	风力发电优化量子计算模型
8	分布式光伏群调群控量子计算模型

在电网侧，针对电力系统中关键计量设备及电力设备状态监测、智能变电站设备通信以及电网调度仿真等场景，布局一批相关标准。量子测量方面，布局适用于交流输电系统和直流输电系统的量子电流 / 电压互感器、避雷器用量子电流传感器、变压器局放量子监测装置、母线温度量子传感器、线缆振动量子监测仪、换流阀电磁波量子监测装置、电网同步相量量子测量单元、量子时频远程校准网络等的技术标准。量子通信方面，在变电站通信以及电网应急通信等方面布局量子通信技术要求相关标准，量子计算方面，重点在潮流分析、电网调度以及电力系统仿真方面布局量子计算模型相关标准。电网侧布局的相关量子标准及优先级排序如表 5-2 所示。

表 5-2　电网侧布局的相关量子标准及优先级排序

序号	标准名称
1	交流量子电流互感器技术条件
2	交流量子电压互感器技术条件
3	直流量子电流互感器技术条件
4	直流量子电压互感器技术条件
5	量子时频远程校准网络技术要求
6	电网同步相量量子测量单元技术条件
7	避雷器用量子电流传感器技术条件
8	变压器局放量子监测装置技术条件
9	母线温度量子传感器技术条件

续表

序号	标准名称
10	线缆振动量子监测仪技术条件
11	换流阀电磁波量子监测装置技术条件
12	变电站量子保密通信技术要求
13	应急通信量子保密网技术要求
14	潮流分析量子计算模型
15	电网调度量子计算模型
16	电力系统仿真量子计算模型

在负荷侧，针对充电桩、环网柜、电能计量、电力线缆、工商业用电台区等场景，布局相关技术标准。量子测量方面，规划充电桩用量子电流传感器、环网柜用量子电压传感器、故障指示器用量子电压传感器、电能表用量子电流传感器、接地电阻量子测试仪、线缆检测量子测试仪等产品的技术标准。量子通信方面，重点围绕电力载波通信和用户数据通信等方面布局相关技术标准。量子计算方面，针对工商业用电行为分析、低压台区负荷调度以负荷预测等方面布局量子计算模型相关标准。负荷侧布局的相关量子标准及优先级排序如表5-3所示。

表5-3 负荷侧布局的相关量子标准及优先级排序

序号	标准名称
1	充电桩用量子电流传感器技术条件
2	环网柜用量子电压传感器技术条件
3	故障指示器用量子电压传感器技术条件
4	电能表用量子电流传感器技术条件
5	接地电阻量子测试仪技术条件
6	线缆检测量子测试仪技术条件
7	电力载波量子通信技术要求
8	用户数据量子保密通信技术要求
9	工商业用电行为分析量子计算模型
10	低压台区负荷调度量子计算模型
11	负荷预测量子计算模型

在储能侧，针对并网储能电池组、核聚变储能等场景，布局相关技术标准。量子测量方面，量子测量技术可以应用于电池充放电电流测量、电池组输出电压测量、核聚变磁场检测以及锂电池杂质检测等领域，可以布局一批量子传感器相关技术标准。量子通信方面，布局储能并网控制量子通信技术要求相关标准。量子计算方面，在储能容量配置规划、储能优化控制和混合式抽水蓄能电站优化调度等布局相关标准。储能侧布局的相关量子标准及优先级排序如表 5-4 所示。

表 5-4 储能侧布局的相关量子标准及优先级排序

序号	标准名称
1	电池充放电量子电流传感器技术条件
2	并网储能电池组量子电压传感器技术条件
3	核聚变量子磁场检测仪技术条件
4	锂电池杂质检测量子分析仪技术条件
5	储能并网控制量子通信技术要求
6	储能容量配置规划量子计算模型
7	储能优化控制量子计算模型
8	混合式抽水蓄能电站优化调度量子计算模型

在电力市场侧，针对电能交流信息、电力市场交易分析以及碳排放评估等场景，布局相关技术标准。量子通信方面，布局电能信息量子加密通信技术要求相关标准。量子计算方面，布局电力市场交易分析量子计算模型、碳排放评估量子计算模型等相关标准。电力市场侧布局的相关量子标准及优先级排序如表 5-5 所示。

表 5-5 电力市场侧布局的相关量子标准及优先级排序

序号	标准名称
1	电能信息量子加密通信技术要求
2	电力市场交易分析量子计算模型
3	碳排放评估量子计算模型

在电力量子基础器件方面，围绕电力量子应用场景中的电力量子设备，

在上游的量子器件方面提前布局相关标准，加强量子基础器件生产及制备的标准化和规范化。例如金刚石 NV 色心、里德堡原子、约瑟夫森结量子电压芯片、离子阱、原子钟等量子测量领域的基础量子器件的制备方法和技术条件，此外，还包含量子计算的随机数发生器和量子通信的量子密钥分发等相关标准。电力量子基础器件布局的相关量子标准及优先级排序如表 5-6 所示。

表 5-6　电力量子基础器件布局的相关量子标准及优先级排序

序号	标准名称
1	金刚石 NV 色心制备方法
2	里德堡原子制备方法
3	约瑟夫森结量子电压芯片制备方法
4	原子钟技术条件
5	离子阱制备方法
6	量子密钥分发技术要求
7	随机数发生器测试方法

在量子计量标准方面，结合当前量子测量技术在电力计量领域的溯源应用，重点围绕电压、电流、电阻、电能、时频、温度等领域的电力量子设备，布局一批基于量子信息技术的计量标准测试方法及校准规范等标准。例如基于量子电压的标准数字量生成方法、基于粒子加速器的量子电流生成方法、量子电能标准校准规范、量子电流互感器校准规范、量子电压互感器校准规范、量子时频标准校准规范、量子电流比例标准校准规范、量子电压比例标准校准规范、量子霍尔效应的阻抗测量方法、量子温度传感器校准规范等，保证电力量子设备及传统计量标准装置溯源的准确可靠。量子计量标准布局的相关标准及优先级排序如表 5-7 所示。

表 5-7　量子计量标准布局的相关标准及优先级排序

序号	标准名称
1	基于量子电压的标准数字量生成方法
2	基于粒子加速器的量子电流生成方法
3	量子电能标准校准规范

续表

序号	标准名称
4	量子电流互感器校准规范
5	量子电压互感器校准规范
6	量子时频标准校准规范
7	量子电流比例标准校准规范
8	量子电压比例标准校准规范
9	基于量子霍尔效应的阻抗测量方法
10	量子温度传感器校准规范

5.4.2 　电力量子信息技术标准化时间图

电力量子信息技术标准时间图概括并定义了电力量子信息技术领域相关技术标准化过程。电力量子信息技术涉及精密测量、通信与计算等方面，采用的量子信息技术不同、应用场景不同，赋能技术的发展阶段也不同。通用的技术标准化方法无法涵盖各种量子信息技术和应用等所有方面的技术标准，但可以为技术标准化提供一个全面的标准化时间框架。

电力量子信息技术标准时间图如图 5-9 所示，该时间图始于研发原型和商业化之间的临界时间点（2023 年）。技术标准时间图涵盖了基础器件、电力量子测量、电力量子通信以及量子电力计算四个部分。从目前国内外标准化情况，现阶段的技术标准主要集中在基础器件的制备方面，而电力量子测量与电力量子通信方面的产品正在研发推广中，预计经过 1~3 年的时间，基础器件的标准化工作将全面开展，部分量子传感及通信产品标准进入编制阶段，3~5 年之后，在电力领域，量子测量及量子通信将进入推广应用阶段，相应的技术标准将陆续完善，电力量子计算标准化工作进入启动阶段，5 年之后，量子测量及量子通信预计将在电力领域大规模推广应用，以构建完善的电力量子传感及通信网络，相关技术标准进入报批或发布阶段，电力量子计算标准化工作将有序开展。电力量子信息技术标准时间图为电力量子信息技术标准化过程提供框架和参考，促进量子信息技术赋能电力领域发展。

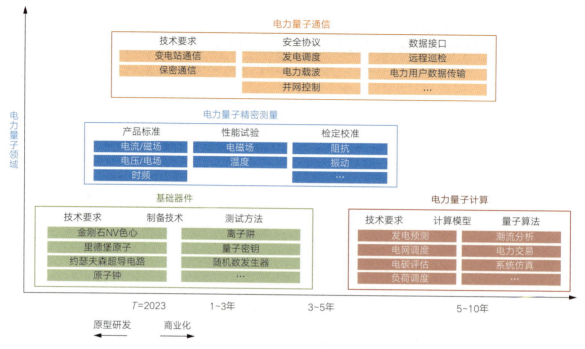

图 5-9　电力量子信息技术标准时间图

5.5　未来展望

电力量子信息技术的发展充满挑战和机遇，其应用前景广阔，有望为电力领域的未来发展带来革命性的变化。无论是超、特高压交直流电网、柔性直流电网、配电网，还是新能源发电、电动汽车等，量子测量技术都能在这些场景中发挥重要作用。此外，随着智能电网和能源互联网的不断发展，量子通信技术将在保障电力数据安全、提升通信效率等方面发挥更大的作用。量子计算以其独特的计算方式和强大的并行处理能力，为电力系统能源分配、负载预测、电网调度等复杂问题往往需要处理带来了前所未有的优化可能。

到 2030 年，我国将有望建成以量子信息技术为核心的电力数据传感—通信—计算网络，可以实现远程校准，高度灵活的量子保密通信，强大的数据处理能力，促进我国电网数智化转型，成为我国国家现代先进测量体系建设的重要支撑。

参考文献

[1] MARÍNSUÁREZ M. An electron turnstile for frequency-to-power conversion[J]. Nature nanotechnology, 2022, 17(3) : 239-243.

[2] https://link.springer.com/article/10.1007/s11082-023-05920-4.

[3] 周峰，殷小东，葛得辉，等 . 电力量子计量技术的进展与趋势 . 高电压技术 . 2023, 49(2): 618-635.

[4] https://coaa.istic.ac.cn/openJournal/periodicalArticle/0120230600506704.

[5] https://www.zhangqiaokeyan.com/academic-journal-cn_detail_thesis/02012108111232.html.

[6] Flowers-Jacobs N E，Rüfenacht A，Fox A E，etal. Calibration of an AC voltage source using a Josephson arbitrary waveform synthesizer at 4 V[C]//2020 Conference on Precision Electromagnetic Measurements (CPEM). IEEE，2020：1-2.

[7] https://arxiv.org/pdf/2301.07488.pdf.

[8] https://ieeexplore.ieee.org/document/8570835.

[9] cas.cn/syky/202212/t20221208_4857606.shtml.

[10] https://pubs.aip.org/aip/apl/article/115/10/102403/37228/Quantum-anomalous-Hall-effect-driven-by-magnetic.

[11] YUMA OKAZAKI T O，MINORU KAWAMURA. QuantumAnomalous Hall Effect with a Permanent Magnet Defines a QuantumResistance Standard［J］. Nature Physics，2022 (18):25－29.

[12] doi：10.11823/j.issn.1674-5795.2023.03.05.

[13] https://finance.yahoo.com/news/cesium-atomic-clock-provides-autonomous-120000702.html.

[14] Newman Z L，Maurice V，Drake T，et al. Architecture for the Photonic Integration of an Optical Atomic clock［J］. Optica，2019，6(5) : 680－685.

[15] https://www.x-mol.com/paper/1692595521984417792/t?adv.

[16] https://journals.aps.org/prapplied/abstract/10.1103/PhysRevApplied.11.054075.

[17] news.sjtu.edu.cn/jdzh/20230526/183483.html.

[18] https://news.ustc.edu.cn/info/1055/79907.htm.

[19] https://journals.aps.org/pra/abstract/10.1103/PhysRevA.107.043102.

[20] pubs.aip.org/aip/apl/article-abstract/122/16/161103/2884499/Sensitivity-extension-of-atom-based-amplitude? redirectedFrom=fulltext.

[21] https://epjquantumtechnology.springeropen.com/articles/10.1140/epjqt/s40507-023-00184-z.

[22] Zang X F, Mao C X, Guo X G, et al. Polarizationcontrolled terahertz super-focusing[J]. Applied Physics Letters, 2018, 113(7): 071102.

[23] Zhao H L, Wang Y Y, Chen L Y, et al. High-sensitivity terahertz imaging of traumatic brain injury in a rat model [J]. Journal of Biomedical Optics, 2018, 23(3): 036015.

[24] https://www.polymtl.ca/phys/photonics/papers/2018_APL_THz_Subwavelength_Solid_Immersion_ Imaging. pdf.

[25] https://wulixb.iphy.ac.cn/pdf-content/10.7498/aps.70.20210182.pdf.

[26] https://www.nature.com/articles/s41377-020-0338-4.

[27] https://library.e.abb.com/public/ec76cc9ffd754b87bcef3d742b18ba34/4CAE000488_%20XMC20%20 and%20SECU1.pdf?x-sign=2cVhPemOvaCnxwNFm3+x2TTyqJvoSDKLOXVHHeq+SZ3aY5E86ywZ Dv9Jxgd2Maar.

[28] https://www.hitachienergy.com/news/features/2019/10/abb-s-quantum-safe-encryption-helps-secure- oman-s-power-network.

[29] https://www.unige.ch/medias/en/2023/des-capteurs-ultraperformants-pour-contrer-les-espions.

[30] https://www.cas.cn/syky/202303/t20230314_4880029.shtml.

[31] https://terraquantum.swiss/news/terra-quantum-breaks-records-in-quantum-key-distribution-paving- way-to-offering-unprecedented-security-over-existing-fiber-optic-networks-globally.

[32] https://www.researchgate.net/publication/348078837_600_km_repeater-like_quantum_ communications_with_ dual-band_stabilisation.

[33] https://m.fx361.cc/news/2022/0216/10029961.html.

[34] https://www.cas.cn/syky/202305/t20230530_4892013.shtml.

[35] http://www.caict.ac.cn/kxyj/qwfb/bps/202012/t20201215_366153.htm.

[36] https://www.toshiba.eu/quantum/news/toshiba-europe-and-orange-demonstrate-viability-of-deploying- quantum-key-distribution-with-existing-networks-and-services/.

[37] https://www.ccdi.gov.cn/zghjf/202101/t20210108_233496.html.

[38] https://www.qusecure.com/qusecure-teams-with-arrow-to-deliver-pqc-plus-more-about-veroway/.

[39] https://www.softbank.jp/en/corp/news/press/sbkk/2023/20230228_01/.

[40] https://www.qusecure.com/qusecure-pioneers-first-ever-us-live-end-to-end-satellite-quantum-resilient- cryptogr aphic-link/.

[41] https://eviden.com/insights/press-releases/eviden-to-launch-first-post-quantum-ready-solutions-for- digital-identi ty/.

[42] https://newsroom.ibm.com/2023-05-10-IBM-Unveils-End-to-End-Quantum-Safe-Technology-to-Safeguard-Go vernments-and-Businesses-Most-Valuable-Data.

[43] https://arxiv.org/abs/2106.14734.

[44] https://www.nature.com/articles/s41586-023-05784-4.

[45] https://www.ibm.com/quantum/blog/quantum-roadmap-2033.

[46] http://edgeservices.bing.com/edgesvc/redirect?url=https%3A%2F%2Finvestors.ionq.com%2Fnews%2Fnews-d etails%2F2021%2FIonQ-Opens-Door-to-Dramatically-More-Powerful-Quantum-Computers-Debuts-Industry-First-Reconfigurable-Multicore-Quantum-Architecture%2Fdefault.aspx&hash=UudXP54VJdlwl3sYcSHGJpKXqoVhKp8pN4I5r0RviQY%3D&key=psc-underside&usparams=cvid%3A51D%7CBingProd%7CA239C22E08B738CB6891102FDCB9ABD1E55EFA4634FD994B40F095D85176F6A5%5Ertone%3APrecise.

[47] https://www.quantinuum.com/news/quantinuum-h-series-quantum-computer-accelerates-through-3-more-perfor mance-records-for-quantum-volume-217-218-and-219.

[48] https://ionq.com/news/may-17-2022-introducing-ionq-forte.

[49] https://journals.aps.org/prl/abstract/10.1103/PhysRevLett.127.180502.

[50] http://www.quantumcas.ac.cn/2022/0606/c24874a557404/page.htm.

[51] https://www.cas.cn/zkyzs/2023/10/416/cmsm/202310/t20231024_4982336.shtml.

[52] https://atom-computing.com/establishing-world-record-coherence-times-on-nuclear-spin-qubits-made-from-neu tral-atoms/.

[53] https://difang.gmw.cn/hb/2022-08/05/content_35935335.htm.

[54] https://www.nature.com/articles/s41586-023-06927-3.

[55] https://www.intc.com/news-events/press-releases/detail/1607/intel-releases-quantum-software-development-kit-version-1-0.

[56] https://blog.csdn.net/Kenji_Shinji/article/details/130125201.

[57] https://originqc.com.cn/zh/new_detail.html?newId=341.

[58] https://www.bnl.gov/newsroom/news.php?a=220699.

[59] https://arxiv.org/abs/2311.05544.

[60] https://quantum.tencent.com/research/.

[61] https://www.afcea.org/signal-media/advances-quantum-sensing-and-timing.

[62] https://www.royalnavy.mod.uk/news-and-latest-activity/news/2023/may/26/20230526-royal-navy-and-imperial-college-london-team-up-to-work-on-cutting-edge-navigation-system.

[63] https://q-ctrl.com/blog/q-ctrl-to-partner-with-defence-on-quantum-navigation-technologies.

[64] https://www.einpresswire.com/article/676562237/rydberg-technologies-demonstrates-world-s-first-long-range-atomic-rf-communication-with-quantum-sensor.

[65] https://www.frontiersin.org/articles/10.3389/fnins.2022.1034391/ful.

[66] https://hnp.fcbg.ch/project/meg-in-geneva/.

[67] https://www.xmagtech.com/newsinfo/6050281.html.

[68] https://finance.yahoo.com/news/adtran-launches-satellite-time-location-120000438.html?.tsrc=fin-srch.

[69] https://www.electrooptics.com/news/pic-based-quantum-sensors-assess-climate-change-orbit.

[70] https://qlmtec.com/news/post/?id=656fbd3b4ef3dd9e906ce31e.

[71] https://www.prnewswire.com/news-releases/infleqtion-and-world-view-launch-new-quantum-application-testin g-solution-301728567.html.

[72] https://finance.yahoo.com/news/cesium-atomic-clock-provides-autonomous-120000702.html.

[73] https://finance.yahoo.com/news/adtran-launches-satellite-time-location-120000438.html?.tsrc=fin-srch.

[74] https://www.adtran.com/en/newsroom/press-releases/20231019-deutsche-bahn-brings-5g-timing-to-german-rail ways-to-meet-new-frmcs-standards-with-adtran.

[75] https://www.ixblue.com/north-america/carioqa-pmp-towards-a-space-grade-quantum-gravimeter-for-earth-and-climate-monitoring/.

[76] https://www.linkedin.com/feed/update/urn:li:activity:7095438573830565888.

[77] https://www.adtran.com/en/newsroom/press-releases/20230905-adtrans-oscilloquartz-optical-cesium-clock-outp erforms-in-tests.

[78] https://www.prnewswire.com/news-releases/quantum-computing-inc-federal-subsidiary-qi-solutions-demon strates-unprecedented-capability-to-detect-landmines-up-to-2-5-feet-below-dense-underground-surface-301945324.

[79] https://www.sandboxaq.com/press/defense-information-systems-agency-awards-sandboxaq-other-transaction-authority-agreement-for-prototype-to-provide-quantum-resistant-cryptography-solutions.

[80] https://www.hensoldt.fr/news/hensoldt-to-drive-forward-post-quantum-cryptography-in-france/.

[81] https://www.quantinuum.com/news/hsbc-and-quantinuum-explore-real-world-use-cases-of-quantum-computing-in-financial-services.

[82] https://www.hsbc.com/news-and-views/news/media-releases/2023/hsbc-becomes-first-bank-to-join-the-uks-pio neering-commercial-quantum-secure-metro-network.

[83] https://www.hsbc.com/news-and-views/news/media-releases/2023/hsbc-pioneers-quantum-protection-for-ai-powered-fx-trading.

[84] https://www.thalesgroup.com/en/worldwide/group/press_release/thales-pioneers-post-quantum-

cryptography-su ccessful-world-first.

[85] https://www.qusecure.com/qusecure-uses-starlink-for-post-quantum-cryptography-in-satellite-to-earth-commun ications/.

[86] https://www.qusecure.com/qusecure-accenture-team-up-on-satcom-security-test-using-pqc/.

[87] https://www.idquantique.com/sk-telecom-and-samsung-unveil-the-galaxy-quantum-3-world-most-secure-5g-sm artphone-featuring-idq-qrng-chip/.

[88] https://blog.chromium.org/2023/08/protecting-chrome-traffic-with-hybrid.html.

[89] https://www.163.com/dy/article/ICQM62R50552HHLF.html.

[90] https://www.ithome.com/0/693/267.htm.

[91] SK Telecom and Samsung unveil the Samsung Galaxy Quantum 4 (idquantique.com).

[92] https://news.zol.com.cn/841/8417789.html.

[93] https://qcloud.originqc.com.cn/application/finance.

[94] https://www.marketscreener.com/quote/stock/INTERNATIONAL-BUSINESS-MA-4828/news/International-B usiness-Machines-EY-and-IBM-Expand-Strategic-Alliance-into-Quantum-Computing-43490332/.

[95] http://www.qtc.com.cn/article/1619573461121.html.

[96] https://breakingdefense.com/2023/02/israels-iai-seeking-to-increase-us-ties-on-quantum-hypersonics/.

[97] https://thequantuminsider.com/2023/05/04/may-4-terra-quantum-thales-group-find-multi-million-euro-value-creation-opportunity-for-earth-observation-satellites/.

[98] https://www.zapatacomputing.com/news/zapata-darpa-award-quantum-solutions/.

[99] https://www.insidequantumtechnology.com/news-archive/polarisqb-phoremost-team-on-quantum-drug-discovery-for-better-cancer-therapies/.

[100] https://wwwnature.com/articles/s43588-023-00526-y.

[101] https://www.dlr.de/content/en/articles/news/2021/04/20211220_call-for-proposals-to-construct-photonic-quant um-processors.html.

[102] https://www.techweb.com.cn/it/2021-07-14/2848852.shtml.

[103] https://www.thepaper.cn/newsDetail_forward_16445392.

[104] https://www.eon.com/en/about-us/media/press-release/2021/2021-09-02-eon-allies-with-ibm-quantum.html.

[105] https://www.nrel.gov/news/program/2023/quantum-computers-can-now-interface-with-power-grid-equipment.html.